Schriftenreihe aus dem Institut für Strömungsmechanik

Herausgeber
J. Fröhlich, S. Odenbach, K. Vogeler

Institut für Strömungsmechanik
Technische Universität Dresden
D-01062 Dresden

Band 2

André Günther

Experimentelle Untersuchung zu Durchströmung und lokalem Wärmeübergang in rotierenden Kavitäten

TUD*press*
2013

Die vorliegende Arbeit wurde am 30. November 2012 an der Fakultät Maschinenwesen der Technischen Universität Dresden als Dissertation eingereicht und am 24. April 2013 erfolgreich verteidigt.

This work was submitted as a PhD thesis to the Faculty of Mechanical Science and Engineering of TU Dresden on 30 November 2012 and successfully defended on 24 April 2013.

Gutachter | Reviewers
Prof. Dr. Stefan Odenbach, TU Dresden
Prof. Dr. Martin Böhle, TU Kaiserslautern

Bibliografische Information der Deutschen Nationalbibliothek
Die Deutsche Nationalbibliothek verzeichnet diese Publikation in der Deutschen Nationalbibliografie; detaillierte bibliografische Daten sind im Internet über http://dnb.d-nb.de abrufbar.

Bibliographic information published by the Deutsche Nationalbibliothek
The Deutsche Nationalbibliothek lists this publication in the Deutsche Nationalbibliografie; detailed bibliographic data are available in the Internet at http://dnb.d-nb.de.

ISBN 978-3-944331-27-0

Verlag der Wissenschaften GmbH
Bergstr. 70 | D-01069 Dresden
Tel.: 0351/47 96 97 20 | Fax: 0351/47 96 08 19
http://www.tudpress.de

Gesetzt vom Autor. | Typeset by the author.
Printed in Germany.

Fakultät Maschinenwesen Professur f. Magnetofluiddynamik, Mess- und Automatisierungstechnik

Dissertation

Experimentelle Untersuchung zu Durchströmung und lokalem Wärmeübergang in rotierenden Kavitäten

André Günther

Erstgutachter:	Prof. Dr. Stefan Odenbach
Zweitgutachter:	Prof. Dr. Martin Böhle
Vorsitzender der Promotionskommission:	Prof. Dr. Michael Beckmann

Tag der Einreichung:	30.11.2012
Tag der Verteidigung:	24.04.2013

Danksagung

Diese Arbeit entstand am Lehrstuhl für Magnetofluiddynamik, Mess- und Automatisierungstechnik (MFD) der Technischen Universität Dresden unter Leitung von Prof. Dr. Stefan Odenbach. Mein Dank gilt an erster Stelle ihm für die Unterstützung, Betreuung und Begutachtung meiner Arbeit, aber auch für die Schaffung des kollegialen Arbeitsumfeldes von dem ich stets profitierte.

Besonderer Dank für die Übernahme des Zweitgutachtens gilt Prof. Dr. Martin Böhle, Lehrstuhl für Strömungsmechanik und Strömungsmaschinen der TU Kaiserslautern, den ich im Rahmen der Arbeitskreistreffen der AG Turbo kennenlernte.

Des Weiteren bedanke ich mich beim Bundesministerium für Wirtschaft und Technologie und bei der MTU Aero Engines München für die finanzielle Unterstützung des Projektes und besonders bei Dr. Lothar Heller für die numerischen Simulationen, die das Verständnis der Ergebnisse erweitert haben.

Herzlich bedanken möchte ich mich auch bei meinen unmittelbaren bzw. ehemaligen Kollegen der Rotor-Arbeitsgruppe Prof. Dr. em. Erwin Kaiser, Dr. Wieland Uffrecht, Gunar Schroeder, Jens Mokronowski und Heinz Kluttig für die tatkräftige Unterstützung, die anregenden wissenschaftlichen Gespräche und die zahlreichen Vorarbeiten, ohne die, diese Arbeit nicht zustande gekommen wäre. Bei Thomas Brandenburg möchte ich mich für die Grafiken und die Datenauswertung im Rahmen seiner Diplomarbeit bedanken.

Weiterer Dank gilt der Werkstatt unter Leitung von Christiane Sperling, besonders Mario Ulbricht und Andreas Steudtner für ihr handwerkliches Geschick und allen anderen Mitarbeitern des Lehrstuhls und des Werkstattverbundes für die tolle Arbeitsatmosphäre.

Die größte Unterstützung erhielt ich aber von meinen Eltern, meiner Tochter Annabell und meiner Frau Marleen, die mir stets den Rücken freihielten.

Dresden, den 31.05.2013 *André Günther*

Inhaltsverzeichnis

Symbolverzeichnis

Lateinische Buchstaben

Formelzeichen	**Einheit**	**Benennung**
a	m	Innerer Radius der Kavität
b	m	Äußerer Radius der Kavität
c	m/s	Geschwindigkeit im Absolutsystem
c_{eff}	-	Effektiver Vordrall
c_p	J/kgK	Spezifische Wärmekapazität
C	-	Fehlerkoeffizient
C_w	-	Massenstromrate
d	m	Dicke der Scheibe
d_h	m	Hydraulischer Durchmesser
Ec	-	Eckert-Zahl
$\vec{F}$	m/s^2	Beschleunigung infolge einer Volumenkraft
Fr	-	Froude-Zahl
G	-	Spaltverhältnis (gap ratio)
Gr_r	-	Radiale Grashof-Zahl
h_t	J/kg	Spezifische Totalenthalpie
K_ρ	-	Isobare Dichteänderungs-Zahl
L	m	Charakteristische Länge
$\dot{m}$	kg/s	Massenstrom
M	-	Austauschmassenstromverhältnis
n	min^{-1}	Drehfrequenz
N	-	Anzahl

Formelzeichen	**Einheit**	**Benennung**
Nu	-	Nusselt-Zahl
Nu_r	-	Lokale Nusselt-Zahl
$\overline{Nu}$	-	Mittlere Nusselt-Zahl
p	Pa	Druck
Pr	-	Prandtl-Zahl
q	W/m^2	Wärmestromdichte
Q	W	Wärmestrom
r	m	Radius
r_s	m	Äußerer Radius der Innenwelle
$\vec{r} = [r, \phi, z]$	m	Ortsvektor mit Zylinderkoordinaten
R_f	-	Rückgewinnfaktor
Ra	-	Rayleigh-Zahl
Re	-	Lokale Reynolds-Zahl
Re_ϕ	-	Umfangs-Reynolds-Zahl
Re_r	-	Radiale Reynolds-Zahl
Re_s	-	Reynolds-Zahl im Spalt
Re_z	-	Axiale Reynolds-Zahl
Ro_z	-	Rossby-Zahl
s	m	Kammerbreite
t	s	Zeit
T	K	Temperatur
T_E	K	Eigentemperatur
T_f	-	Temperaturfluktuation
ΔT	K	Temperaturdifferenz
Tu	-	Turbulenzgrad
u	m/s	Umfangsgeschwindigkeit
U_∞	m/s	Geschwindigkeit der Außenströmung
v	m/s	Geschwindigkeit

Formelzeichen	**Einheit**	**Benennung**
V	-	Charakteristische Geschwindigkeit
w	m/s	Geschwindigkeit im Relativsystem
x	-	Dimensionsloser Radius
x_a	-	Bohrungsverhältnis
z	m	Axiale Koordinate

Griechische Buchstaben

Formelzeichen	**Einheit**	**Benennung**
α	$W/m^2 \cdot K$	Wärmeübergangskoeffizient
β	-	Lokales Kernrotationsverhältnis
$\bar{\beta}$	-	Integrales Kernrotationsverhältnis
β_T	1/K	Wärmeausdehnungskoeffizient
δ_u	m	Dicke der Strömungsgrenzschicht
δ_T	m	Dicke der Temperaturgrenzschicht
$\bar{\bar{\delta}}$	-	Kronecker-Einheitstensor
ε	-	Emissionsgrad
ς	-	Dimensionsloser Wandabstand
Θ	-	Normierte Oberflächentemperatur
λ	$W/m \cdot K$	Wärmeleitfähigkeit
μ	$Pa \cdot s$	dynamische Viskosität
ν	$m^2 \cdot s$	kinematische Viskosität
ρ	kg/m^3	Dichte
σ	K	Standardabweichung der Temperatur
$\bar{\bar{\tau}}$	Pa	Viskoser Spannungsterm
Ψ	m^2/s^2	stationäres Potential
ω	1/s	Winkelgeschwindigkeit der Strömung
Ω	1/s	Winkelgeschwindigkeit der Kammer

Indizes

Index	**Benennung**
ad	adiabat
ax	axial
A	radialer Luftaustausch
c	kalt (cold)
f	Fluid
h	warm (hot)
i	Lufteintritt
krit	kritischer Zustand
LS	Linke Seite der Mittelscheibe
M	Mittelebene der Mittelscheibe
rad	radial
Ref	Referenzzustand
RS	Rechte Seite der Mittelscheibe
w	Wand
∞	Umgebung

Konstanten

Konstante	**Wert / Einheit**	**Benennung**
g	9,81 m/s^2	Erdbeschleunigung
R_L	287,1 J/kgK	Individuelle Gaskonstante für Luft
σ	$5{,}669 \cdot 10^{-8}$ W/m^2K^4	Stefan-Boltzmann Konstante

1 Einleitung und Zielstellung

Flexibilität und Effizienz verbunden mit einer Reduzierung des Kohlendioxidausstoßes sind Schlüsselparameter heutiger und zukünftiger Entwicklungen von Flugtriebwerken und stationären Gasturbinen.

Die in den letzten Jahrzehnten stetig gesteigerte Turbineneintrittstemperatur und das erhöhte Druckverhältnis bewirken einerseits eine Verbesserung des Gesamtwirkungsgrades und eine Leistungssteigerung der Maschine, die andererseits vom Bedarf des Sekundärluftsystems gemindert werden. Diese interne Luftführung gewährleistet den wichtigen Transport der im Heißgasteil der Maschine benötigten Menge an Kühl- und Sperrluft und kann bis zu 20% des gesamten Luftmassenstroms des Kerntriebwerks betragen. Wirkungsgradverluste und Leistungseinbußen entstehen dabei aufgrund der Entnahme der Luftmenge aus dem thermodynamischen Kreisprozess.

Die auf hohem Druckniveau am Ende des Verdichters abgezweigte Kühlluft durchströmt auf dem Weg zur Turbine z.B. rotierende Kavitäten, Rotor-Stator-Systeme oder Drallerzeuger, bevor sie dem Hauptgasstrom wieder zugemischt wird. Entlang dieser Strecke ergeben sich Totaldruckverluste und zusätzlich gewollte, aber auch unbeabsichtigte Wärmeeinträge, welche die Kühleffektivität der Luft an den kritischen Turbinenkomponenten, vor allem der ersten Leit- und Laufschaufelreihe, verringern. Negativ wirken beispielsweise die Wärmestrahlung und Konvektion im Bereich der Brennkammer und die Reibungserwärmung in engen Spalten. Ein Ziel der Luftführung besteht in der Kühlung der Verdichter- und Turbinenscheiben, infolgedessen deren thermische Belastung reduziert und die Lebensdauer erhöht werden. Neben der Kühlung hat die Sekundärluft auch die Aufgabe axiale und radiale Spalte zwischen Rotoren und Statoren abzudichten und damit ein Eindringen von heißem Abgas in die Radseitenräume der Turbine zu verhindern. Zusammenfassend ist festzustellen, dass die Aufgaben des Designprozesses darin bestehen, die Kühl- und Sperrluftmenge durch optimale Strömungsführung und der Wahl effizienter Dichtungssysteme auf ein Minimum zu reduzieren, ohne die Bauteile thermisch höher zu beanspruchen. Der Forschung obliegt es, funktionale Zusammenhänge von Strömung und Wärmeübergang zu finden, sowie Kopplungseffekte beispielsweise zwei hintereinander liegender Kammern zu untersuchen. Die Kenntnis des aktuellen Wissenstandes verbunden mit einer umfassenden Basis experimenteller Daten sind Grundvoraussetzungen für ein gutes Auslegungsverfahren. Hilfestellung im Entwicklungsprozess bieten numerische Simulationsverfahren, Computational Fluid Dynamics oder kurz CFD Methoden, die seit Jahrzehnten Anwendung finden und ständigen Verbesserungen unterliegen [Chew 2007]. Dennoch reichen die Kapazitäten heutiger Rechner nicht aus, um das komplexe Differentialgleichungssystem direkt, also ohne Modellannahmen, für Strömungen mit hoher Reynolds-Zahl zu lösen. Dies gilt insbesondere für die konjugierte Simulation von Strömung und Wärmeübergang in komplexen technischen Systemen. Experimentelle Ergebnisse von Modellversuchen bleiben daher auch in Zukunft unverzichtbar für den Wissenszuwachs und zur Validierung der numerischen Berechnungen.

Die unterschiedlichen Teile des internen Luftsystems von Gasturbinen sind Gegenstand aktueller Forschung, wie die europäischen Projekte IGAS-GT [Smout 2001] und IGAS-GT2 [Childs 2006] und Projekte des nationalen Forschungsverbundes AG Turbo zeigen. Die vorliegende Arbeit wurde im Rahmen der AG Turbo und des Projektes COOREFF-T 1.3.6 erstellt und befasst sich mit der Strömung und dem Wärmeübergang in rotierenden Kavitäten, wie sie im Hochdruckverdichter von Triebwerken oder stationären Gasturbinen vorkommen. In der Maschine werden diese Hohlräume axial durch zwei Verdichterscheiben mit Nabenverdickung begrenzt und radial durch den Rotormantel außen und durch die deutlich langsamer als die Scheiben rotierende Niederdruckwelle innen abgeschlossen. Mögliche Strömungsführungen in solchen Kammern können je nach Anforderung rein axial, rein radial oder gemischt ausgelegt werden. Während beim Start des Triebwerks verdichtete Luft die Rotorscheiben erwärmt, kommt es im weiteren Betrieb zur Kühlung der durch die Erwärmung des Triebwerks heißeren Scheiben. Der Temperatur- bzw. Dichtegradient zwischen der innen einströmenden Luft und dem äußeren Rotormantel ändert sich daher während des Betriebs und erzeugt Auftriebskräfte, die bei geringer Durchströmung und hoher Drehfrequenz dominant werden können [Long 1994a].

In diesen Kavitäten interessieren neben einer Verringerung des Strömungswiderstands, z.B. durch Luftführungsröhrchen [Günther 2008] vor allem der örtliche Wärmeübergang an den Verdichterscheiben, wobei nach Strömungszuständen oder Betriebsregimen gefragt wird, bei denen große Unterschiede im Wärmeübergang auftreten, die Temperaturunterschiede und damit zusätzliche Wärmespannungen hervorrufen.

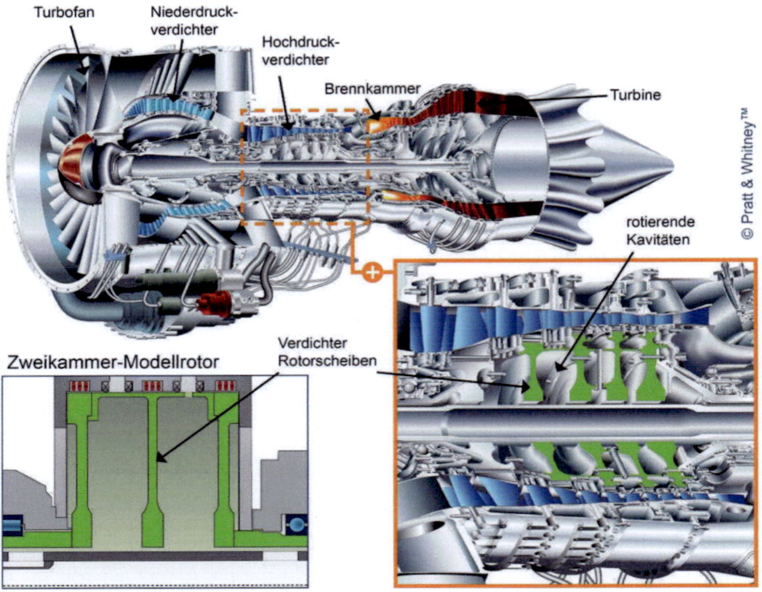

Abbildung 1.1 Perspektivische Schnittdarstellung eines Triebwerks mit Detailansicht rotierender Kavitäten im Hochdruckverdichter, dazu im Vergleich die Kammern des Zwei-Kammer-Modellrotors der Technischen Universität Dresden

Die Abbildung 1.1 vergleicht die rotierenden Kammern eines Flugtriebwerks mit dem hier untersuchten Modellsystem am Zwei-Kammer-Modellrotor der Technischen Universität Dresden. Die Strömung in diesen rotierenden Kavitäten und der lokale Wärmeübergang an den Scheiben sind besonders für Flugtriebwerkshersteller von großem Interesse, bei deren Konstruktionen das Gewicht eine wichtige Rolle spielt. Je dünner die Scheiben werden, desto wichtiger wird die genaue Kenntnis des lokalen Wärmeübergangs und zusätzlicher Wärmespannungen, die neben der mechanischen Belastung die Festigkeit und Lebensdauer beeinflussen. Des Weiteren wirkt die radiale Ausdehnung der Scheiben direkt auf die Größe des Schaufelspalts und damit auf die aerodynamischen Spaltverluste. Bei stationären Gasturbinen verändern zusätzliche Wärmespannungen aufgrund der massiven Bauweise und der teilweise andersartigen Kühlluftführung die Lebensdauer kaum.

Die dem Autor bekannte Literatur zu Problemstellungen rotierender Strömung im Sekundärluftsystem von Gasturbinen beginnt etwa 1970 mit den Arbeiten von

[Owen 1969, Hennecke 1971 und Sparrow 1973]. Frühere Untersuchungen in rotierenden Systemen erfolgten zumeist aus meteorologischer Sicht mit geringen Drehfrequenzen und Temperaturgradienten, z.B. in [Hide 1958, Bowden 1965 und Irvine 1968]. Einen allgemeinen Einblick in die mathematischen und physikalischen Grundlagen rotierender Strömungen, aus technischer und meteorologischer Sicht, bieten die Werke von [Dorfman 1963, Greenspan 1968, Lugt 1979 und Childs 2011]. Überblicksdarstellungen sind für die frei rotierende Scheibe [Shevchuk 2009], für Rotor-Stator-Systeme die Werke von [Daily 1964 und Owen 1989] und für voll rotierende Kavitäten das Buch von [Owen 1995]. Der am häufigsten erforschte Fall „rotierende Kavität mit axialer Durchströmung" wurde in Ein-Kammer-Systemen [Farthing 1992a/b, Long 1994, Kim 1994, Bohn 2000, Owen 2004] oder in Mehr-Kammer-Systemen [Burkhardt 1992, Kaiser 2001/2003, Long 2006, Patounas 2009] untersucht. Zur Charakterisierung der Strömung dienten unter anderem Strömungsvisualisierung [Farthing 1992b, Kaiser 2003, Uffrecht 2005, Bohn 2000/2009], Messungen der Strömungsgeschwindigkeiten mittels Laser-Doppler-Anemometrie (LDA) [Kaiser 2001, Owen 2004, Long 2007], Beobachtungen der Isothermenwanderung mit Flüssigkristallen [Kaiser 2003] und Untersuchungen der Lufteinmischung in die Kammer mittels Raman-Spektroskopie (CARS) [Black 1992]. Zur Bestimmung der Wärmestromdichte an den Scheiben kamen verschiedene Messmethoden zum Einsatz: die Hilfswandmethode an Kunststoffscheiben [Bohn 2000], die inverse oder direkte Wärmeleitungsmethode an metallischen Scheiben mit Messung der Oberflächentemperatur durch Thermoelemente [Burkhardt 1992, Kaiser 2003, Long 2006, Patounas 2009] oder die direkte Messung mittels Wärmestromsensoren [Farthing 1992a, Long 1994a, Owen 2004] oder Ersatzquellen [Kim 1994]. Des Weiteren dienen die Experimente der Validierung zahlreicher numerischer Untersuchungen mit CFD Methoden z.B. [Tucker 1995, Tian 2004], Spektralmethoden [He 2011] oder Berechnungen basierend auf dem Prinzip der maximalen Entropieproduktion, kurz MEP [Owen 2007, Bohn 2010]. Zusammenfassend wird eingeschätzt, dass die bisherigen Ergebnisse zum lokalen Wärmeübergang nur für die jeweiligen Versuchsrandbedingungen gültig und auf die reale Maschine schwer zu übertragen sind, da wichtige Kopplungsbeziehungen nicht untersucht wurden. Weitere Fälle, wie eine geschlossene Kammer ohne Durchströmung [Bohn 1995/1996, King 2003] oder radiale Einströmung [Firouzian 1985/1986] bzw. Ausströmung [Owen 1980, Long 1986] sind deutlich weniger erforscht als der Standardfall der axialen Durchströmung.

Daraus ergibt sich als zentrale Aufgabenstellung der vorliegenden Arbeit die Untersuchung der Auswirkungen verschiedener Strömungsführungen in zwei rotierenden Kavitäten auf den lokalen Wärmeübergang einer dazwischen befindlichen Scheibe unter maschinennahen Bedingungen. Eine Besonderheit zu vorangegangenen Publikationen liegt in der Messung des lokalen Wärmeübergangs auf beiden Seiten einer Scheibe. Bisherige Veröffentlichungen thematisieren immer eine Kammer und die beiden angrenzenden Scheibenseiten. Dabei wurde der Wärmeübergang an den Scheibenseiten in Ein-Kammer-Modellen mit fester Vorgabe der Wandtemperatur oder der Wärmestromdichte [Farthing 1992a, Long 1994, Kim 1994 und Bohn 2000] untersucht oder in Mehr-Kammer-Versuchsständen mit geringer Messstellenanzahl und der Annahme einer adiabaten Mittelebene in der Scheibe [Burkhardt 1992, Long 2006 und Patounas 2009] ermittelt. Diese Betrachtungsweisen verhindern jedoch eine gegenseitige Beeinflussung des Wärmeübergangs durch die Strömung auf beiden Seiten. Des Weiteren ist eine Untersuchung des Wärmeübergangs bei überlagerter radialer Einströmung und axialer Durchströmung dem Autor nicht bekannt.

In einer umfangreichen Messkampagne am Zwei-Kammer-Modellrotor wurde für diese Arbeit der lokale Wärmeübergang auf beiden Seiten einer rotierenden Scheibe unter maschinenähnlichen Strömungsbedingungen gemessen. Dabei wurden für verschiedene Strömungsführungen und Temperatursituationen die axialen und radialen Durchsätze und die Drehfrequenzen variiert. Ziel dieser Messungen sind verbesserte Erkenntnisse des Zusammenhangs von Strömung und Wärmeübergang und die Bereitstellung einer Datenbasis zur Validierung der Auslegungswerkzeuge, im Besonderen der CFD Methoden. Neben thermisch stationären Punkten wurden auch transiente Vorgänge, z.B. der Erwärmungs- oder Abkühlvorgang bei axialer Durchströmung gemessen. Begleitend zu den experimentellen Arbeiten an der TU Dresden führte der Industriepartner MTU Aero Engines München numerische Simulationen an einem detaillierten, dreidimensionalen Berechnungsmodell durch.

Die vorliegende Arbeit gliedert sich in sechs Kapitel. Das zweite Kapitel enthält die mathematischen und physikalischen Grundlagen zur Beschreibung der Strömung und des Wärmeübergangs in rotierenden Kavitäten, sowie eine Übersicht ausgewählter Publikationen. Im dritten Kapitel werden der Versuchstand und das Versuchsprogramm vorgestellt. Das vierte Kapitel beschäftigt sich mit den verwendeten Messverfahren und der Messtechnik. Die Diskussion der experimentellen Ergebnisse zur axialen Durchströmung mit theoretischen Modellen und Vergleichen sind Inhalt des fünften Kapitels. Im sechsten Kapitel erfolgt die Diskussion der experimentellen Ergebnisse der überlagerten Strömung und abschließend im siebten und letzten Kapitel eine Zusammenfassung der Arbeit und ein Ausblick auf weiterführende Fragestellungen.

2 Grundlagen und Literaturübersicht

2.1 Grundlagen der Beschreibung von Strömung und Wärmeübergang

In dieser Arbeit werden ausschließlich Luftströmungen bei hohen subsonischen Geschwindigkeiten betrachtet, weshalb die Feldgleichungen für kompressible, isotrope Newtonsche Fluide angegeben werden. Gasförmige Medien werden als Kontinuum angesehen, d.h. charakteristische Abmessungen sind groß im Vergleich zum Molekülabstand. Eine solche Strömung ist vollständig beschrieben, wenn für jeden Ort $\vec{r}$ zu jeder Zeit t der Geschwindigkeitsvektor $\vec{v}$, die Temperatur T und der Druck p bekannt sind. Zur Bestimmung dieser fünf Unbekannten benötigt man fünf Gleichungen, welche die Erhaltungsgleichungen für Masse, Impuls und Energie sind. Hinzu kommen weitere Transportgleichungen und Stoffgrößen, deren Größe und Abhängigkeiten von Druck und Temperatur als bekannt vorausgesetzt werden. Diese Stoffgrößen sind die Dichte ρ, die isobare spezifische Wärmekapazität c_p, die Wärmeleitfähigkeit λ und die dynamische Viskosität μ. Eine detaillierte Herleitung der allgemeinen Feldgleichungen findet sich in [Schlichting 2006, S.49ff.] und speziell für rotierende Systeme in [Owen 1995, S.18ff.], [Shevchuk 2009, S.4ff.] und [Childs 2011, S.17ff.].

Die Gleichungen in Vektorschreibweise sind unabhängig vom gewählten Koordinatensystem. In rotierenden Strömungen ist es sinnvoll, Zylinderkoordinaten in einem relativen Bezugssystem zu verwenden. Damit die Gleichungen 2.1 bis 2.10 für ein absolutes, stehendes Bezugssystem ebenso verwendet werden können, wie für ein relatives mit konstanter Winkelgeschwindigkeit Ω um die z-Achse drehendes Bezugssystem, sind die veränderlichen Größen und Operatoren in Tabelle 2.1 zusammengefasst.

Die substantiellen Ableitungen in den Gleichungen entsprechen:

$$\frac{Da}{Dt} = \frac{\partial a}{\partial t} + \vec{v} \cdot \nabla a \quad \text{mit } a = \rho,\ h_t,\ T \text{ oder } p \text{ und} \tag{2.1}$$

$$\frac{D\vec{v}}{Dt} = \frac{\partial \vec{v}}{\partial t} + \nabla\left(\frac{1}{2}\vec{v}^2\right) - \vec{v} \times \left(\nabla \times \vec{v}\right) \tag{2.2}$$

Tabelle 2.1 Physikalische Größen und mathematische Operatoren im absoluten und relativen Bezugssystem in Zylinderkoordinaten

	absolutes Bezugsystem $\Omega = 0$	relatives Bezugssystem Ω = konst.
Ort	$\vec{r} = (r, \phi, z)^T$	$\vec{r}' = (r, \phi' = \phi + \Omega t, z)^T$
Geschwindigkeit	$\vec{v} = \vec{c} = (c_r, c_\phi, c_z)^T$	$\vec{v} = \vec{w} = \vec{c} - \vec{\Omega} \times \vec{r} = (w_r, w_\phi = c_\phi - \Omega r, w_z)^T$
Beschleunigung durch Massenkraft	$\vec{F} = (F_r, F_\phi, F_z)^T$	$\vec{F}' = (F'_r, F'_\phi, F'_z)^T$
Wärmestromdichte	$\vec{q} = (q_r, q_\phi, q_z)^T$	$\vec{q}' = (q'_r, q'_\phi, q'_{z.})^T$
Totalenthalpie	$h_t = c_p T + \frac{1}{2}\vec{c}^2 + \Psi + \frac{p}{\rho}$	$h'_t = c_p T + \frac{1}{2}\vec{w}^2 + \Psi' + \frac{p}{\rho}$
Nabla-Operator	$\nabla = \left(\frac{\partial}{\partial r}, \frac{1}{r}\frac{\partial}{\partial \phi}, \frac{\partial}{\partial z}\right)^T$	$\nabla' = \left(\frac{\partial}{\partial r}, \frac{1}{r}\frac{\partial}{\partial \phi'}, \frac{\partial}{\partial z}\right)^T$

2.1.1 Kontinuitätsgleichung

Der Erhaltungssatz der Masse, vgl. Gleichung 2.3, sagt aus, dass in einem Volumenelement pro Zeiteinheit die Summe der ein- und ausfließenden Massen gleich der Massenänderung durch Dichteänderung ist. Es gilt allgemein:

$$\frac{D\rho}{Dt} = -\rho \nabla \cdot \vec{v} \quad \left[\frac{kg}{m^3\, s}\right] \tag{2.3}$$

2.1.2 Navier-Stokes-Gleichungen

Die Impulserhaltungssätze in den drei Raumrichtungen, vgl. Gleichung 2.4, entsprechen dem Grundgesetz der Mechanik, wonach die zeitliche Änderung der Impulse gleich der Summe der Kräfte ist. Die Gleichungen lauten allgemein:

$$\rho\left(\frac{D\vec{v}}{Dt} + 2\,\vec{\Omega} \times \vec{v} + \vec{\Omega} \times \left(\vec{\Omega} \times \vec{r}\right)\right) = \rho\,\vec{F} - \nabla\, p + \nabla \cdot \overline{\overline{\tau}} \quad \left[\frac{kg}{m^2\, s^2}\right] \tag{2.4}$$

Die Terme bedeuten von links nach rechts Anteile der Trägheitskraft, der Corioliskraft, der Zentrifugalkraft, der Massenkraft, der Druckkraft und der Reibungskraft. Die beiden Scheinkräfte, Corioliskraft und Zentrifugalkraft, existieren nur im rotierenden Bezugssystem und verschwinden mit $\Omega = 0$ für das stehende, absolute Bezugssystem. Mit der Größe $\vec{F}$ können z.B. Gravitationskräfte oder thermische Auftriebskräfte berücksichtigt werden. Die Größe $\overline{\overline{\tau}}$ ist der viskose Spannungsterm und beschreibt die Oberflächenkräfte, die nicht aufgrund des thermodynamischen Druckes entstehen. Betrachtet man ein isotropes Newtonsches Fluid ist der Zusammenhang zwischen Spannungszustand und Verformungszustand linear und in allen Richtungen gleich. Aus dem Newtonschen oder Stokesschen Reibungsgesetz folgt für diesen Zusammenhang der viskose Spannungsterm:

$$\bar{\bar{\tau}} = \mu\left[\left(\nabla\vec{v} + \nabla\vec{v}^T\right) - \frac{2}{3}\bar{\bar{\delta}}\,\nabla\cdot\vec{v}\right] \tag{2.5}$$

wobei $\bar{\bar{\delta}}$ der Kronecker-Einheitstensor ist. Die Impulserhaltungsgleichungen, gekoppelt mit dem Stokesschen Reibungsgesetz, werden als Navier-Stokes-Gleichungen, vgl. die Gleichungen 2.4 und 2.5, bezeichnet.

2.1.3 Energiegleichung

Die Energieerhaltungsgleichung entspricht dem ersten Hauptsatz der Thermodynamik, wonach die Änderung der Gesamtenergie gleich der zu- oder abgeführten Wärme und der verrichteten Arbeit ist. Die allgemeine Energiegleichung in Form der Erhaltung der spezifischen Totalenthalpie lautet:

$$\rho\,\frac{Dh_t}{Dt} = -\nabla\cdot\vec{q} + \frac{\partial p}{\partial t} + \nabla\cdot\left(\bar{\bar{\tau}}\cdot\vec{v}\right) \quad \left[\frac{kg}{m\,s^3}\right] \tag{2.6}$$

Der Vektor der Wärmestromdichte $\vec{q}$ ergibt sich aus dem Fourierschen Wärmeleitungsgesetz mit der Wärmeleitfähigkeit λ und dem Temperaturgradienten ∇T zu:

$$\vec{q} = -\lambda\,\nabla T \tag{2.7}$$

Das negative Vorzeichen resultiert aus dem zweiten Hauptsatz der Thermodynamik, wonach Wärme immer vom Ort höherer Temperatur zum Ort niedrigerer Temperatur übertragen wird. Die Wärmestrahlung und zusätzliche Wärmequellen sind hier nicht berücksichtigt.

Die Energieerhaltungsgleichung kann auch mit der Temperatur geschrieben werden. Die Gleichung lautet dann

$$\rho\,c_p\,\frac{DT}{Dt} = -\nabla\cdot\vec{q} + \beta_T\,T\,\frac{Dp}{Dt} + \nabla\cdot\left(\bar{\bar{\tau}}\cdot\vec{v}\right) - \vec{v}\,\nabla\cdot\bar{\bar{\tau}} \quad \left[\frac{kg}{m\,s^3}\right] \tag{2.8}$$

mit dem Volumenausdehnungskoeffizienten,

$$\beta_T = -\frac{1}{\rho}\left(\frac{\partial\rho}{\partial T}\right)_p \tag{2.9}$$

der sich aus der Zustandsgleichung für die Dichte ρ durch partielle Differentiation ergibt. In den hier betrachteten Temperatur- und Druckbereichen kann Luft als ideales Gas angesehen werden. Die Zustandsgleichung für die Dichte ρ entspricht dann dem idealen Gasgesetz

$$\rho = \frac{p}{R_L T} \tag{2.10}$$

mit der Gaskonstante für Luft, die hier als konstant mit R_L = 287,1 J/(kg K) angenommen wird.

2.1.4 Randbedingungen und Ähnlichkeitskennzahlen

Die aufgeführten Feldgleichungen, vgl. die Gleichungen 2.1 bis 2.10, bilden ein Gleichungssystem von nichtlinearen, partiellen Differentialgleichungen. Zur Lösung dieser Gleichungen benötigt man Anfangs- und Randbedingungen. An undurchlässigen Wänden gilt die Haftbedingung, d.h. die absolute oder relative Geschwindigkeit an der Wand ist Null. Für das Temperaturfeld existieren drei klassische Randbedingungen. Es kann die Wandtemperatur, die Wärmestromdichte an der Wand oder eine Kopplung von beiden vorgegeben werden. Eine solche Kopplung stellt z.B. das Newtonsche Abkühlungsgesetz nach Gleichung 2.11 dar, welches besagt, dass die Temperaturdifferenz zwischen Wandtemperatur T_w und Umgebungstemperatur T_∞ proportional zur Wärmestromdichte ist. Der Proportionalitätsfaktor α wird Wärmeübergangskoeffizient genannt.

$$q_w = \alpha \left(T_w - T_\infty\right) \tag{2.11}$$

Setzt man die Gleichungen 2.7 und 2.11 gleich und führt eine charakteristische Länge L ein, vgl. [Gröber 1955, S. 160ff.], erhält man die Nusselt-Zahl Nu, als Ähnlichkeitskennzahl für den Wärmeübergang.

$$Nu = \frac{q_w L}{\lambda_f \left(T_w - T_\infty\right)} \tag{2.12}$$

Physikalisch können der Wärmeübergangskoeffizient als thermischer Widerstand und die Nusselt-Zahl als, auf die reine Wärmeleitung bezogener, thermischer Widerstand interpretiert werden.

Analogiebeziehungen dienen der Übertragbarkeit von im Modellversuch ermittelten Größen auf physikalisch ähnliche Systeme. Bei der Anwendung der Ähnlichkeitskennzahlen ist auf die Definition und den Gültigkeitsbereich der verwendeten Größen zu achten. Auf Besonderheiten bei der Bildung der Nusselt-Zahl wird in Kapitel 2.1.7 eingegangen.

Weitere Ähnlichkeitskennzahlen ergeben sich aus der Entdimensionalisierung der Feldgleichungen im Referenzzustand (Index Ref) mittels charakteristischen Längen L und Geschwindigkeiten V. Diese dimensionslosen Gleichungen finden sich z.B. in [Schlichting 2006, S.84]. Streng genommen müssen fünf Kennzahlen gleich sein, damit ein geometrisch ähnliches System physikalisch ähnlich ist. Abhängig vom untersuchten System können meist einige vernachlässigt werden.

Die fünf Kennzahlen sind:

Reynolds-Zahl $$Re = \frac{\rho_{Ref} V L}{\mu_{Ref}}, \tag{2.13}$$

Froude-Zahl $$Fr = \frac{V}{\sqrt{g L}}, \tag{2.14}$$

Prandtl-Zahl $$Pr = \frac{\mu_{Ref} c_{p Ref}}{\lambda_{Ref}}, \tag{2.15}$$

Eckert-Zahl $$Ec = \frac{V^2}{c_{p Ref} T_{Ref}}, \tag{2.16}$$

Isobare Dichteänderungs-Zahl $$K_\rho = -\beta_{T Ref} T_{Ref} . \tag{2.17}$$

Die Reynolds-Zahl beschreibt das Verhältnis von Reibungs- zu Trägheitskraft. Die Froude-Zahl ist ein Maß für den Einfluss der Gravitationskraft auf die Strömung, die in schnellrotierenden Systemen meist vernachlässigt werden kann. Die Prandtl-Zahl und die Isobare Dichteänderungs-Zahl sind reine Stoffkennwerte, wobei für Luft als ideales Gas gilt $Pr \approx 0{,}7$ und $K_\rho = -1$. Die Eckert-Zahl ist ein Maß für den Einfluss von Dissipationseffekten.

Zur Berücksichtigung von Auftriebskräften bei inkompressibler Betrachtung der Strömung werden in den Impulserhaltungssätzen, vgl. Gleichung 2.4, Korrekturterme nach [Gröber 1955, S.164] gemäß Gleichung 2.18 eingeführt.

$$\vec{F} = \vec{g} \beta_T T . \tag{2.18}$$

Freie Konvektion bedeutet, dass ein stoffgebundener Wärmetransport aufgrund eines Temperaturgradienten bzw. eines Dichtegradienten entsteht. Haben Dichteunterschiede auf die Strömung keinen oder nur sehr geringen Einfluss, spricht man von erzwungener Konvektion. Aus den Gleichungen 2.4 und 2.18 erhält man die Ähnlichkeitskennzahlen für den thermischen Auftrieb.

Grashof-Zahl $$Gr = \frac{\rho_{Ref}^2 g L^3 \beta_{T Ref} \Delta T}{\mu_{Ref}^2} \tag{2.19}$$

Rayleigh-Zahl $$Ra = Gr\, Pr \tag{2.20}$$

In schnell rotierenden Systemen kann die Erdbeschleunigung g meist vernachlässigt und in den Definitionen der Ähnlichkeitskennzahlen durch die Radialbeschleunigung $\Omega^2 r$ ersetzt werden.

2.1.5 Strömungscharakter und numerische Simulation

Bei Fluidbewegungen werden laminare und turbulente Strömung sowie der Übergangsbereich unterschieden. Bei laminarer Strömung handelt es sich um eine Schichtenströmung ohne starken Austausch von Fluidteilchen quer zur Strömungsrichtung. Das ist bei Strömungen mit geringen Reynolds-Zahlen der Fall. Wird eine kritische Reynolds-Zahl überschritten, ändert sich das Strömungsbild drastisch und es beginnt eine starke Querbewegung, die bei weiterer Erhöhung der Reynolds-Zahl in eine stark unregelmäßige, zufällige Schwankungsbewegung übergeht. Die kritische Reynolds-Zahl hängt von der betrachteten Strömung und den Randbedingungen ab. Nach [Schlichting 2006, S.414ff.] betragen die Werte für eine Rohrströmung Re_{krit} = 2300 und für eine längs angeströmte, ebene Platte Re_{krit} = 3,5...10x10^5. Bei der freien Scheibe liegen die Werte nach [Shevchuk 2009, S.38] zwischen Re_{krit} = 2,5...4,5x10^5.

Die zuvor angegebenen Feldgleichungen, vgl. Gleichungen 2.1 bis 2.10, gelten für laminare und turbulente Strömung. Aufgrund der Komplexität des Gleichungssystems sind nur wenige exakte, analytische Lösungen bekannt. Meist werden die Bilanzgleichungen numerisch in einem räumlich und zeitlich diskretisierten Raum gelöst. Zur Beschreibung turbulenter Strömung müssen dazu die kleinsten Zeit- und Längenskalen aufgelöst werden. Solche Rechnungen erfordern enormen Rechenaufwand und werden Direkte Numerische Simulation (DNS) genannt. Technisch relevante Systeme mit Strömungen hoher Reynolds-Zahl können derzeit noch nicht mit DNS simuliert werden. Daher müssen Vereinfachungen getroffen werden. Benutzt man die Reynolds-gemittelten Gleichungen, z.B. zu finden in [Schlichting 2006, S.500ff.], werden der Geschwindigkeitsvektor, vgl. Gleichung 2.21, und der Druck, für kompressible Strömungen auch die Temperatur und die Dichte, in einen zeitlich konstanten Anteil $\overline{\vec{v}}$ und einen Schwankungsanteil $\vec{v}''$ zerlegt.

$$\vec{v} = \overline{\vec{v}} + \vec{v}'' \tag{2.21}$$

Dabei treten zusätzliche Reynoldsspannungen in den Navier-Stokes-Gleichungen auf. Diese werden mit Turbulenzmodellen beschrieben. Diese Methoden sind heute weit verbreitet und werden als Reynolds Averaged Navier-Stokes (RANS)

Methoden bezeichnet. Des Weiteren findet noch eine Mischform Anwendung, die Large Eddy Simulation (LES), bei der die großen Längenskalen direkt, also ohne Reynolds-Mittelung, berechnet werden und man nur für die kleineren Längenskalen Turbulenzmodelle verwendet. Der Rechenaufwand ist verglichen zur DNS geringer und im Vergleich zu RANS Methoden ergeben sich genauere Lösungen.

2.1.6 Temperatur- und Strömungsgrenzschicht

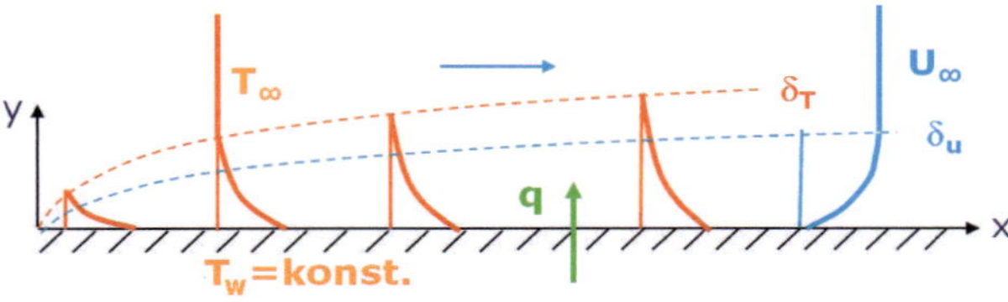

Abbildung 2.1 Strömungs- und Temperaturgrenzschicht an einer längs angeströmten Platte mit konstanter Wandtemperatur

Die Strömung in unmittelbarer Nähe fester Wände bildet aufgrund großer Scherkräfte starke Gradienten in Richtung der Wandnormalen. Eine Ausnahme bildet der statische Druck, der konstant ist und der Grenzschicht von außen aufgeprägt wird. Der Bereich, in dem die viskosen Reibungskräfte überwiegen, wird nach Ludwig Prandtl, vgl. [Prandtl 1904], Grenzschicht oder Reibungsschicht genannt. Dort lassen sich die allgemeinen Feldgleichungen vereinfachen und man erhält die Grenzschichtgleichungen, z.B. zu finden in [Schlichting 2006, S.145ff.]. Zusammen mit einer reibungsfreien Betrachtung der Außenströmung, lassen sich mit dieser Vereinfachung auch komplexe Strömungen hoher Reynolds-Zahl mathematisch beschreiben. Man unterscheidet die Strömungs- oder Geschwindigkeitsgrenzschicht von der Temperaturgrenzschicht. Einen Zusammenhang zwischen beiden Grenzschichten stellt die stoffspezifische Prandtl-Zahl dar. Der Wert für Luft von $Pr \approx 0{,}7$ sagt beispielsweise aus, dass die Dicke der Strömungsgrenzschicht in etwa 70% der Dicke der Temperaturgrenzschicht entspricht.

Je nach Außenströmung können sich laminare oder turbulente Grenzschichten bilden. Bei der turbulenten Grenzschicht entsteht direkt an der Wand eine sehr dünne laminare Unterschicht. Die Abbildung 2.1 zeigt schematisch die Ausbildung einer Strömungs- und Temperaturgrenzschicht an einer längs angeströmten Platte mit konstanter Wandtemperatur.

Nach Definition ist die Dicke der beiden Grenzschichten der Wandabstand, an dem der Wert für Geschwindigkeit oder Temperatur 99% des Wertes der Außenströmung erreicht hat. Für die längs angeströmte Platte hängt die Dicke der Strömungsgrenzschicht δ_u bei laminarer Strömung von der Geschwindigkeit U_∞ und der Viskosität ν der Außenströmung und dem Abstand zur Vorderkante x ab, vgl. Gleichung 2.22 aus [Schlichting 2006, S.160].

$$\delta_u \approx 5{,}0 \sqrt{\frac{\nu\, x}{U_\infty}} \tag{2.22}$$

Der Wärmeübergang an der Wand ist nach dem Newtonschen Abkühlungsgesetz, vgl. Gleichung 2.11, nur von der Temperaturdifferenz von Außenströmung zu Wand und einem Proportionalitätsfaktor abhängig. Dies gilt aber nur für konstante oder schwach veränderliche Wandtemperatur, wie in Abbildung 2.1 dargestellt. Bei starken Temperaturgradienten entlang der Wand oder sehr hohen Geschwindigkeiten der Außenströmung hat der Temperaturverlauf zwischen Wand und Außenströmung, also innerhalb der Grenzschicht, entscheidenden Einfluss auf den Wärmeübergang, wie im folgenden Kapitel gezeigt werden soll.

2.1.7 Referenztemperatur des Wärmeübergangs

Wärmeübergänge bei hohen Geschwindigkeiten sind vom Aufstaueffekt beeinflusst. Anstelle der unbeeinflussten Außentemperatur T_∞ sollte dann die adiabate Wandtemperatur T_{ad} als Referenz in Gleichung 2.11 bzw. Gleichung 2.12 verwendet werden.

$$T_{ad} = T_\infty + \frac{R_f\, U_\infty^2}{2\, c_p} \tag{2.23}$$

Der Rückgewinnfaktor R_f ist proportional zur Prandtl-Zahl, wobei der Exponent nach [Owen 1989, S.101] von der Strömungsart abhängt.

laminar $R_f = Pr^{1/2}$ (2.24) oder turbulent $R_f = Pr^{1/3}$ (2.25)

Wärmeübergangskoeffizienten oder Nusselt-Zahlen, die aus dem Newtonschen Abkühlungsgesetz abgeleitet sind, können als thermischer Widerstand, der nur von der Strömungssituation abhängt, interpretiert werden. Die in Modellversuchen gewonnenen Werte werden auf komplexe Systeme mit ähnlicher Strömung übertragen. Dabei ist aber Vorsicht geboten, da die Wahl der Messmethode, z.B. durch Vorgabe einer festen Wandtemperaturverteilung oder einer definierten Wärmestromrichtung die Messergebnisse beeinflusst und eine

Übertragbarkeit auf andere Randbedingungen einschränkt. Auf diesen Sachverhalt wird in Kapitel 4.3.9 noch genauer eingegangen.

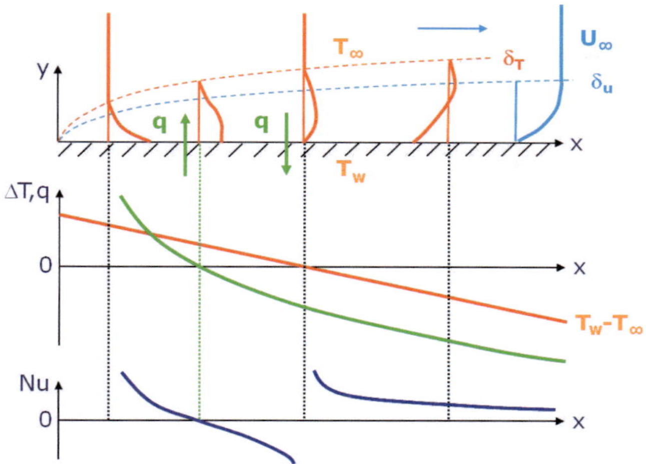

Abbildung 2.2 Strömungs- und Temperaturgrenzschichtprofile an einer längs angeströmten Platte mit veränderlicher Wandtemperatur, berechnete Verläufe der Wärmestromdichte und Nusselt-Zahl nach [Schlichting 1951]

Die Verwendung der üblichen Definition der Nusselt-Zahl bei großen Temperatur- oder Druckgradienten in Strömungsrichtung führt zu physikalisch nicht sinnvollen Werten. Bereits in [Schlichting 1951] ist diese Tatsache für die längs angeströmte Platte mit veränderlicher Wandtemperatur thematisiert. Die Abbildung 2.2 zeigt Temperaturprofile an der Wand und berechnete Verläufe der Wärmestromdichte und Nusselt-Zahl für den Fall, das die Wandtemperatur linear entlang der Platte abfällt. Der vordere Teil der Platte ist heißer und der hintere Teil kälter als die Außenströmung. Die Temperaturprofile innerhalb der Grenzschicht sind nicht mehr geometrisch ähnlich und die Bildung von Nusselt-Zahlen mit der Differenz von Wand- zu Außentemperatur oder Wand- zu adiabater Wandtemperatur daher nicht mehr sinnvoll. Der Wärmeübergang an der Wand wird vom Wärmeabtransport in der Grenzschicht selbst beeinflusst. In [Schlichting 2006, S.225] wird für solche Problemstellungen die Außentemperatur oder die Temperaturdifferenz an einem festen Ort als Referenz vorgeschlagen. Diese Referenzen erhöhen jedoch nicht die Übertragbarkeit im Vergleich zum Wert der gemessenen Wandwärmestromdichte, bieten aber eine

Möglichkeit zur Normierung. Ausschlaggebend für den Wärmestrom an der Wand, proportional dem Gradienten der Temperatur an der Wand, ist die treibende Temperaturdifferenz zwischen Wandtemperatur und maximaler Temperatur in der Grenzschicht, deren Lage und Wert aber messtechnisch nur schwer zugänglich ist. Nutzt man als Referenz diese Temperatur, ergeben sich physikalisch sinnvolle Werte der Nusselt-Zahl, interpretierbar als bezogener thermischer Widerstand.

Die Bestimmung der Kennzahlen für den Wärmeübergang mittels Messmethoden, die auf Messungen der Wandwärmestromdichte und der Temperaturdifferenz basieren, führt zu unphysikalischen Werten an Stellen, wo ein Nulldurchgang erfolgt. An Orten, wo die Wandwärmestromdichte das Vorzeichen bzw. der Wärmestrom die Richtung wechselt, entstehen negative Nusselt-Zahlen oder Wärmeübergangskoeffizienten. An Stellen, bei denen die Temperaturdifferenz Null wird, sind die Kennzahlen unbestimmt. Weitere Anmerkungen zu diesem Thema finden sich in [Herwig 1997].

Eine Möglichkeit zur Messung physikalisch sinnvoller Ähnlichkeitskennzahlen in Systemen mit veränderlicher Wandtemperatur bieten Methoden, die den Wärmeübergangskoeffizienten direkt, also nicht aus dem Wärmestrom, bestimmen. Bei der Anwendung in schnell rotierenden Systemen muss zusätzlich die Fliehkraftfestigkeit der Messmethode beachtet werden. Ein mögliches Verfahren, welches diese Voraussetzungen erfüllt, ist die Übertemperaturmethode mit Mikrosensoren nach [Uffrecht 2012b]. Dabei wird der lokale Wärmeübergangskoeffizient direkt aus der Heizleistung und der gemessenen Temperaturdifferenz von unbeheizter Temperatur und ausgeglichener Übertemperatur bestimmt. Im Vergleich zu anderen Messmethoden wird das Messobjekt nicht maßgeblich verändert oder die Randbedingungen fest vorgeben. In dieser Arbeit konnte diese neue Möglichkeit noch nicht eingesetzt werden. Das hier verwendete Messverfahren wird in Kapitel 4.3 diskutiert.

Wie im Folgenden noch gezeigt wird, sind die hier betrachteten Strömungen in einer beheizten, rotierenden Kammer mit verschiedenen Durchströmungswegen meist dreidimensional und instationär. Aufgrund dieser Komplexität werden zunächst die Grundfälle, z.B. die Strömung an einer rotierenden Scheibe, Rotor-Stator-Systeme, die Strömung in einer geschlossenen Kammer und reine axiale und radiale Strömung einzeln betrachtet. Zur Beschreibung der Strömung und des Wärmeüberganges in solchen Systemen müssen zuvor die grundlegenden Abmessungen und charakteristischen Ähnlichkeitskennzahlen eingeführt werden.

2.2 Charakteristische Größen in rotierenden Systemen

Die charakteristischen Größen und Ähnlichkeitskennzahlen entsprechen den Definitionen nach [Owen 1995]. Die Abbildung 2.3 zeigt die grundlegenden Abmessungen des verwendeten Versuchsstandes, der in Kapitel 3 detailliert vorgestellt wird. Die Geometrie einer rotierenden Kammer wird durch den inneren Radius a, den äußeren Radius b und der Kammerbreite s definiert. Bei den verwendeten Scheiben mit Verdickungen an der Nabe variiert die Kammerbreite über dem Radius. Da eine Innenwelle vorhanden ist, benötigt man noch deren Außenradius r_s. In der Literatur sind häufig nur das Spaltverhältnis G und das Bohrungsverhältnis x_a angegeben. Die Auftragung der lokalen Werte erfolgt meist mit der normierten Kammerhöhe x. Die Größen sind wie folgt definiert:

$$G = \frac{s}{b} \quad (2.26) \qquad x_a = \frac{a}{b} \quad (2.27) \qquad \text{und} \qquad x = \frac{r}{b} \quad (2.28)$$

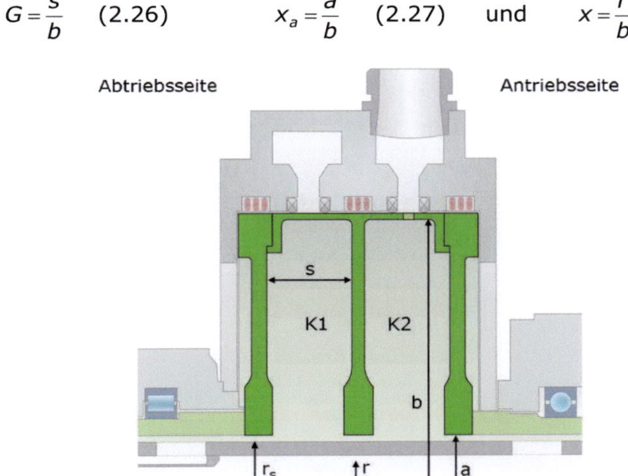

Abbildung 2.3 Grundlegende Abmessungen, Bezeichnungen und das definierte Koordinatensystem im Hauptteil des Versuchsstandes

Die Winkelgeschwindigkeit der Kammerwände wird mit der Größe Ω bezeichnet. Daraus ergeben sich für die tangentiale oder Rotations-Reynolds-Zahl Re_ϕ

$$Re_\phi = \frac{\Omega\, b^2}{\nu_{Ref}} \tag{2.29}$$

und für die axiale Reynolds-Zahl Re_z

$$Re_z = \frac{\overline{w}_z\, d_h}{\nu_{Ref}} \tag{2.30}$$

mit der mittleren axialen Eintrittsgeschwindigkeit $\overline{w}_z$, der kinematischen Viskosität ν_{Ref} und dem hydraulischen Durchmesser des Eintrittsspalts d_h, der ohne Innenwelle $d_h = 2a$ und mit Innenwelle $d_h = 2(a - r_s)$ beträgt.

Eine weitere wichtige Kennzahl in rotierenden Systemen mit axialer Strömung ist die aus der Meteorologie stammende Rossby-Zahl, die als Verhältnis von axialer Durchströmungs- und tangentialer Umfangsgeschwindigkeit definiert ist. Sie entspricht der reziproken Drallzahl.

$$Ro_z = \frac{\overline{w}_z}{\Omega a} = \frac{\mathrm{Re}_z}{\mathrm{Re}_\phi} \frac{b^2}{a d_h} \tag{2.31}$$

Für radiale Strömung kann eine radiale Reynolds-Zahl Re_r gebildet werden. In der Literatur wird jedoch häufig die dimensionslose Massenstromrate C_w benutzt, in deren Definition der Massenstrom $\dot{m}$ für Einströmung negativ und für Ausströmung positiv ist.

$$Re_r = \frac{|\dot{m}|}{2\pi r \mu_{Ref}} \quad (2.32) \qquad \text{und} \qquad C_w = \frac{\dot{m}}{\mu_{Ref}\, b} \quad (2.33)$$

Zur Beschreibung der Auftriebseffekte werden zusätzlich die Rayleigh-Zahl oder die Grashof-Zahl verwendet, deren Definition in rotierenden Systemen bereits in Gleichung 2.19 und 2.20 angegeben wurde. Als charakteristische Länge L wird der Außenradius b verwendet und anstelle der Erdbeschleunigung g die Fliehkraftbeschleunigung $\Omega^2 b$ eingesetzt.

$$Gr = Re_\phi^2\, \beta_{T\,Ref}\, \Delta T = \frac{\rho_{Ref}^2\, \Omega^2\, b^4\, \beta_{T\,Ref}\, \Delta T}{\mu_{Ref}^2} \tag{2.34}$$

$$Ra = Gr\, Pr \tag{2.35}$$

Als Referenz für die Stoffgrößen dient der Lufteintritt. Bei der Definition der tangentialen oder Rotations-Reynolds-Zahl Re_ϕ, vgl. Gleichung 2.29, wird die Umfangsgeschwindigkeit der Kammer am Außenradius Ωb als globale Größe verwendet. Für lokale Betrachtungen sollte anstelle von Ωr die tangentiale Geschwindigkeitskomponente der Strömung v_ϕ benutzt werden. Das Verhältnis zwischen beiden Größen wird gemäß Gleichung 2.36 als Kernrotationsverhältnis β bezeichnet. Streng genommen gilt die Ähnlichkeit der tangentialen Reynolds-Zahl Re_ϕ nur am Außenradius oder in der gesamten Kammer bei vergleichbaren, lokalen Kernrotationsverhältnissen, was bei einer Nutzung dieser Ähnlichkeitskennzahl für Vergleiche beachtet werden sollte. Besonders bei lokalen Betrachtungen, bei denen die Relativgeschwindigkeit zwischen Wand und Strömung $(1-\beta)$ entscheidend ist, kann die Definition einer relativen tangentialen

Reynolds-Zahl nach Gleichung 2.37 zielführender sein, vorausgesetzt das lokale Kernrotationsverhältnis ist bekannt.

$$\beta = \frac{v_\phi}{\Omega r} \quad (2.36) \qquad \text{und} \qquad Re_{\phi,rel} = \frac{\rho_{Ref}\,(1-\beta)\,\Omega\, r^2}{\mu_{Ref}} \quad (2.37)$$

Das einfachste rotierende System ist die freie Scheibe, deren Strömungsumgebung und Wärmeübergang aus der umfangreichen Literatur überblicksmäßig im Folgenden vorgestellt werden.

2.3 Frei rotierende Scheibe

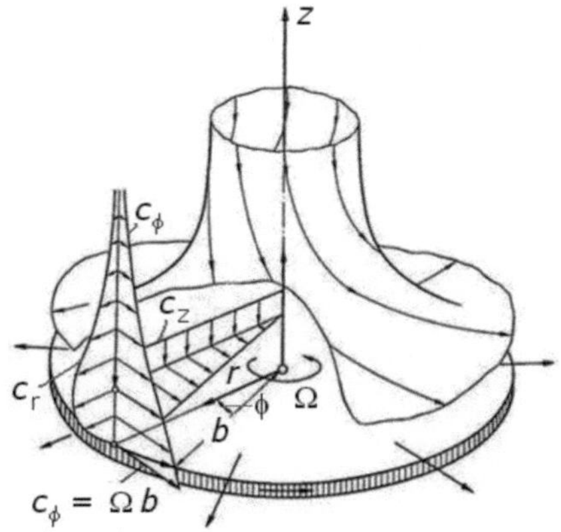

Abbildung 2.4 Perspektivische Darstellung der Strömung an einer in ruhendem Fluid rotierenden Scheibe aus [Schlichting 2006, S.121]

Die Strömung in der Umgebung einer Scheibe, die mit konstanter Winkelgeschwindigkeit Ω um eine senkrechte Achse in einem sonst ruhenden Fluid dreht, ist durch eine exakte Lösung der Navier-Stokes-Gleichungen gegeben und in Abbildung 2.4 dargestellt. Diese Lösung wurde erstmals durch [Von Kármán 1921] näherungsweise und später von [Cochran 1934] genauer bestimmt. Es handelt sich um eine dreidimensionale Strömung, bei der durch die Haftbedingung und Reibung das Fluid in Scheibennähe mitgerissen und durch Zentrifugalkräfte nach außen geschleudert wird. In der Mitte entsteht dadurch ein Sog, der neues Fluid nachströmen lässt. Die Geschwindigkeitsverteilungen bezogen auf einen dimensionslosen Wandabstand ζ sind in Abbildung 2.5 dargestellt und können über die Gleichungen 2.38 bis 2.43 in die dimensionsbehafteten Größen umgerechnet werden.

$$\zeta = z\sqrt{\frac{\Omega}{\nu}} \quad (2.38)$$

$$c_r = r\,\Omega\,F(\zeta) \quad (2.39) \qquad c_\phi = r\,\Omega\,G(\zeta) \quad (2.40) \qquad c_z = \sqrt{\Omega\nu}\,H(\zeta) \quad (2.41)$$

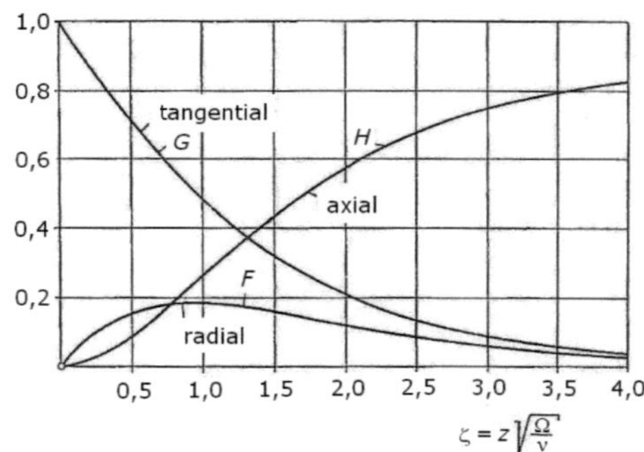

Abbildung 2.5 Geschwindigkeitsverteilungen bezogen auf einen dimensionslosen Wandabstand an einer in ruhendem Fluid rotierenden Scheibe aus [Schlichting 2006, S.122]

Die Druckverteilung erhält man aus den Gleichungen:

$$P(\zeta) = H' - \frac{1}{2}H^2 \quad (2.42) \qquad p = p_0 + \rho\,\nu\,\Omega\,P(\zeta) \quad (2.43)$$

Die Dicke der mitgerissenen Schicht bei laminarer Strömung beträgt:

$$\delta = 5{,}5\sqrt{\frac{\nu}{\Omega}} \quad (2.44)$$

Diese spiralförmig nach außen gerichtete Grenzschicht wurde erstmals in [Ekman 1905] für natürliche Strömungen beschrieben. Die Neigung der Stromlinien dieser Ekman-Schicht bei der Abströmung von der Scheibe beträgt φ_0 = 39,6° gegen die Umfangsrichtung. Experimentelle Untersuchungen von Drehmomentenbeiwerten [Schlichting 2006, S.123] haben gezeigt, dass bei Strömungen mit Reynolds-Zahlen größer $Re_{\phi,krit} \approx 3x10^5$ Turbulenz einsetzt. Der von einer Seite angesaugte Massenstrom $\dot{m}_0$ beträgt nach [Childs 2011, S. 94]

$$\dot{m}_0 = 2{,}779\,\rho\,b^2\sqrt{\Omega\,\nu} \quad (2.45)$$

Die Kenntnisse vom Wärmeübergang an einer frei rotierenden Scheibe sind in [Shevchuk 2009, S.35ff.] zusammengefasst. Eine Vielzahl lokaler und gemittelter Nusselt-Zahl-Korrelationen wird mit experimentellen Daten von [Elkins 1997] verglichen. Der lokale Wärmeübergang Nu_r und der mittlere Wärmeübergang $\overline{Nu}$ werden gemäß den Gleichungen 2.46 und 2.49 gebildet.

$$Nu_r = \frac{q_w\, r}{\lambda\left(T_w - T_\infty\right)} = K_1\, Re^n \quad (2.46) \qquad \text{mit } Re = \frac{\Omega\, r^2}{\nu} \quad (2.47)$$

$$\overline{Nu} = \frac{\overline{q}_W\, b}{\lambda\left(T_W - T_\infty\right)} = K_2\, Re_\phi{}^n \quad (2.48) \qquad \text{mit } Re_\phi = \frac{\Omega\, b^2}{\nu} \quad (2.49)$$

Die Koeffizienten K_1 und K_2 sind von der Strömungsart: laminar oder turbulent abhängig und für Temperatursituationen nach Gleichung 2.50 angegeben.

$$\Delta T = T_w - T_\infty = C_0\, r^m \qquad (2.50)$$

Nach [Dorfman 1963] gilt für laminare Strömung n = 0,5 und

$$K_1 = K_2 = 0{,}308\,(m + 2)^{0,5}\, Pr^{0,5} \qquad (2.51)$$

Ebenfalls nach [Dorfman 1963] gilt für turbulente Strömung n = 0,8 und

$$K_1 = 0{,}0197\,(m + 2{,}6)^{0,2}\, Pr^{0,6} \qquad (2.52)$$

$$K_2 = K_1 \frac{m + 2}{m + 2{,}6} \qquad (2.53)$$

Für den Übergangsbereich zwischen laminarer und turbulenter Strömung von $2{,}6\text{x}10^5 < Re < 3{,}2\text{x}10^5$ wird bei [Cardone 1997] eine Korrelation für die lokale Nusselt-Zahl mit n = 2,8 und K_1 = $8{,}01\text{x}10^{-14}$ angegeben. Bei diesem Übergang entstehen aus Instabilitäten spiralförmige Wirbel, deren Anzahl nach [Malik 1981] nur von der lokalen Reynolds-Zahl abhängt.

Die Veröffentlichungen mit externer, also nicht nur selbst induzierter Anströmung sind ebenfalls in [Shevchuk 2009, S.118ff.] zusammengefasst. Es werden drei Fälle unterschieden, die vollflächige axiale Anströmung, eine axiale Anströmung durch einen einzelnen runden Strahl und parallele Überströmung einer rotierenden Scheibe. Der Wärmeübergang ist für alle drei Fälle im Vergleich zur rotierenden Scheibe in ruhender Umgebung deutlich erhöht.

Eine weitere Grundart bilden die Rotor-Stator Systeme, die ausführlich in [Daily 1964], [Owen 1989] und [Childs 2011] beschrieben sind und deren Grundlagen aus der umfassenden Literatur überblicksmäßig im Folgenden vorgestellt werden.

2.4 Rotor-Stator Systeme

Ein Rotor-Stator System besteht im einfachsten Fall aus einer stehenden und einer rotierenden Scheibe mit dem Außendurchmesser b, die im Abstand s zueinander angeordnet sind. Neben dem Spaltverhältnis $G = s/b$ dient die Reynolds-Zahl im Spalt Re_s als wichtiger Parameter gemäß Gleichung 2.54.

$$Re_s = G^2 \, Re_\phi = \frac{\Omega s^2}{\nu} \qquad (2.54)$$

Die prinzipielle Strömungsstruktur wurde in den theoretischen Arbeiten von [Batchelor 1951], [Stewartson 1953] und [Grohne 1955] beschrieben. Bei einer Strömung nach Batchelor, die nur in geschlossenen Systemen mit $Re_s \geq 100$ auftritt, wird ein zentral rotierender Kern von zwei separaten Grenzschichten umfasst. Es bildet sich eine zentrifugal gerichtete Grenzschicht nach [Ekman 1905] am Rotor und eine spiralförmig nach innen gerichtete Grenzschicht am Stator aus. Die Grenzschicht am Stator wird nach [Bödewadt 1940] benannt und entspricht der Grenzschicht einer rotierenden Strömung über stehendem Grund. Der Kern rotiert als Festkörper mit einem Kernrotationsverhältnis von etwa $\beta = 0{,}42$ für turbulente Strömung. Die Strömung nach Stewartson ohne Kern tritt für Strömungen mit $Re_s \leq 10$ auf. Nach [Poncet 2005] bildet sie sich auch für höhere Spalt-Reynolds-Zahlen bei überlagerter radial nach außen gerichteter Strömung. Dabei wird aufgrund der zusätzlichen Strömung die Grenzschicht am Stator zentrifugal, so dass nur noch die rotierende Grenzschicht existiert. Die Strömung verhält sich dann ähnlich der an einer freien Scheibe, siehe Kapitel 2.3. Die Strömung in geschlossenen Systemen wurde von [Daily 1960] in vier Regime unterteilt, die in Abbildung 2.6 dargestellt sind. In den Bereichen 1 und 3 mit kleinem Spalt verbinden sich die Grenzschichten von Rotor und Stator, wohingegen in den Bereichen 2 und 4 die Grenzschichten entsprechend dem Strömungstyp nach Batchelor getrennt sind.

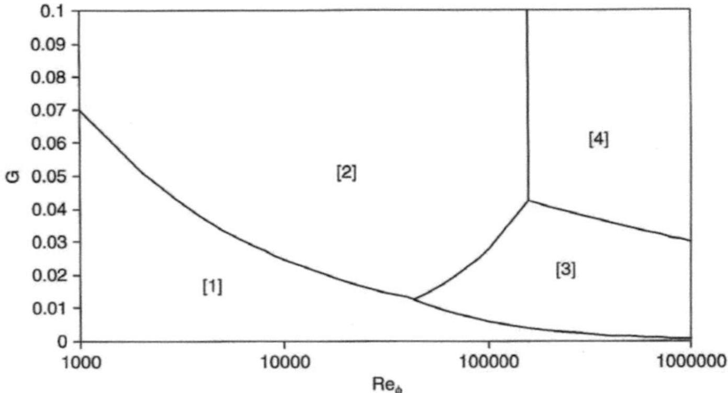

Abbildung 2.6 Strömungsregime in geschlossenen Rotor-Stator Systemen nach [Daily 1960] aus [Childs 2011, S.133]: 1 – laminar, kleiner Spalt; 2 – laminar, großer Spalt; 3 – turbulent, kleiner Spalt; 4 – turbulent, großer Spalt

Im Bereich des Übergangs von laminarer zu turbulenter Strömung treten in Abhängigkeit des Spaltverhältnisses und der lokalen Reynolds-Zahl vielfältige Instabilitäten auf, die umfangreich von [Schouveiler 2001] analysiert wurden. In Rotor-Stator Systemen mit $G > 0{,}07$ entspricht der Verlauf der Transition den in Abbildung 2.7 dargestellten Instabilitäten von links nach rechts. Aus der laminaren Grundströmung bilden sich erst ringförmige, dann spiralförmige Rollen, die bei weiterer Erhöhung der Reynolds-Zahl zunächst in wellenförmige und dann bei etwa $Re_{krit} = 1{,}5x10^5$ in voll ausgeprägte Turbulenz übergehen. Wie von [Itoh 1992] experimentell gezeigt wurde, setzt der Übergang zur Turbulenz in der statorseitigen Grenzschicht im Vergleich zur rotorseitigen früher ein. Die Ursache liegt laut den Autoren in der Tatsache, dass verzögerte Strömung instabiler als beschleunigte Strömung ist.

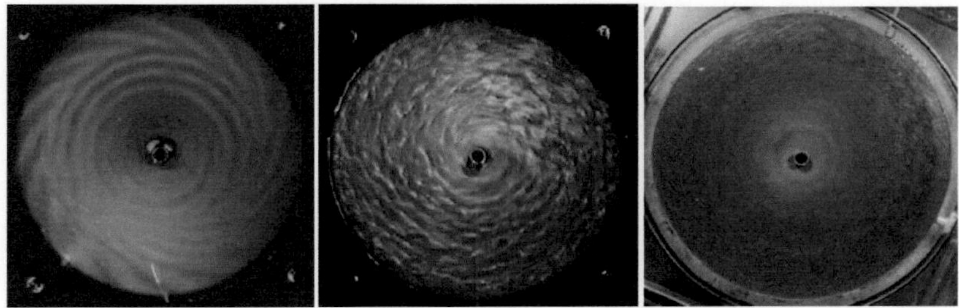

Abbildung 2.7 Strömungsvisualisierung von Instabilitäten in einer mit Wasser gefüllten, geschlossenen Rotor-Stator Kammer aus [Schouveiler 2001]; Links: ringförmige Rollen innen und spiralförmige Rollen außen (G=0,11, Re=2,9x10^4), Mitte: wellenförmige Turbulenz (G=0,11, Re=6,2x10^4) und Rechts: voll ausgebildete Turbulenz (G=0,02, Re=1,9x10^5)

Bei überlagerter radialer Einströmung konnte [Poncet 2005] zeigen, dass der zentrale Kern schneller als die Scheiben rotiert, d.h. $\beta > 1$ ist. Das Kern-rotationsverhältnis hängt dabei stark vom Eintrittsdrall ab. Außerdem wurde die Differenz der statischen Drücke zwischen Rotor und Stator kleiner als 2,5% gemessen. Dieser Wert resultiert aus dem Taylor-Proudman Theorem nach dem in schnell rotierenden Strömungen keine Geschwindigkeitsgradienten in axialer Richtung existieren. Am Boden befindliche Störungen, z.B. Schraubenköpfe, können sich infolgedessen in die darüberliegende Strömung als sogenannte Taylor-Proudman Säulen fortsetzen. Dieses Phänomen wurde erstmals von [Proudman 1916] vorausgesagt und später von [Taylor 1921] bestätigt.

Die Strömung in einem offenen Rotor-Stator System wurde auch von [Debuchy 1998/2007] und [Djaoui 2001] untersucht. Weitere Arbeiten zu geschlossenen Rotor-Stator Kammern, speziell für die Radseitenräume einer Gasturbine, sind z.B. durch [Roy 2001a/b], [Geis 2002] und [Günther 2012b] veröffentlicht.

Eine Zusammenfassung der Strömung und des Wärmeübergangs in Rotor-Stator Systemen findet sich in [Owen 1989]. Der lokale Wärmeübergang am Rotor in einem offenen System wurde z.B. experimentell von [Pellé 2007a] im Bereich $1{,}3 \times 10^5 < Re < 5{,}2 \times 10^5$ untersucht. Die lokale Nusselt-Zahl steigt relativ konstant mit dem Radius. Nur am Scheibenrand ist, besonders für hohe Reynolds-Zahlen, ein verstärkter Wärmeübergang messbar. Das gleiche Verhalten zeigt auch die numerische Studie mit DNS/LES von [Tuliszka-Sznitko 2011]. In einer weiteren Untersuchung am gleichen Versuchsstand [Pellé 2007b] wurde der Einfluss eines zentralen, axial auftreffenden Luftstrahls auf den lokalen Wärmeübergang am Rotor untersucht. Die lokalen Nusselt-Zahlen erhöhten sich im Vergleich ohne Anströmung im zentralen, angeströmten Bereich um etwa das Achtfache. Nach außen hin nimmt der Einfluss des Strahls erwartungsgemäß ab und ist für niedrige Reynolds-Zahlen am Rand nicht mehr feststellbar. Für den radial nach außen durchströmten Radseitenraum einer Gasturbine wurde von [Roy 2001b] experimentell der Wärmeübergang am Rotor bestimmt. Im Bereich von $4{,}7 \times 10^5 < Re_\phi < 8{,}6 \times 10^5$ und $1504 < C_w < 7520$ wird für den mittleren und äußeren Bereich der rotierenden Scheibe die Korrelation nach Gleichung 2.55 angegeben, deren Werte vergleichbar mit der Korrelation für eine freie Scheibe bei turbulenter Strömung, vgl. Gleichung 2.52, von [Dorfman 1963] sind.

$$Nu_r = 0{,}0195\, Re^{0{,}8} \tag{2.55}$$

Eine Korrelation für den Stator bei zentripetaler Strömung im Bereich $5 \times 10^5 < Re_\phi < 1{,}44 \times 10^6$ und $0 < C_w < 12082$ wird von [Poncet 2007] vorgeschlagen. Die numerischen Berechnungen zeigen dabei gute Übereinstimmung mit den experimentellen Daten von [Djaoui 2001].

$$\overline{Nu} = 0{,}0044\, \mathrm{Re}^{0{,}8} \left(1000 + C_w\right)^{0{,}11} \mathrm{Pr}^{0{,}5} \tag{2.56}$$

Nachdem in die Komplexität rotierender Strömungen anhand von freier Scheibe und Rotor-Stator Systemen eingeführt wurde, wird im Folgenden auf die, in dieser Arbeit relevanten, voll rotierenden Kavitäten entsprechend Abbildung 2.3 eingegangen. Dabei findet zunächst der Fall ohne Durchströmung Beachtung.

2.5 Rotierende Kavität ohne Durchströmung

Einen Überblick der Literatur zur Strömung und zum Wärmeübergang in voll rotierenden Kavitäten mit und ohne überlagerte Strömung geben [Owen 1995] und [Childs 2011], wobei Letzterer sich nur auf die Strömung beschränkt.

2.5.1 Strömung ohne Temperaturgradient

In einer isothermen, geschlossenen Kavität tritt im stationären Zustand Festkörperrotation $\beta = 1$ auf, wenn sie mit konstanter Winkelgeschwindigkeit um ihre Drehachse rotiert. Die Strömungsgeschwindigkeit besitzt nur noch die Umfangskomponente, die vom Radius abhängt:

$$c = c_{\phi} = \Omega r \tag{2.57}$$

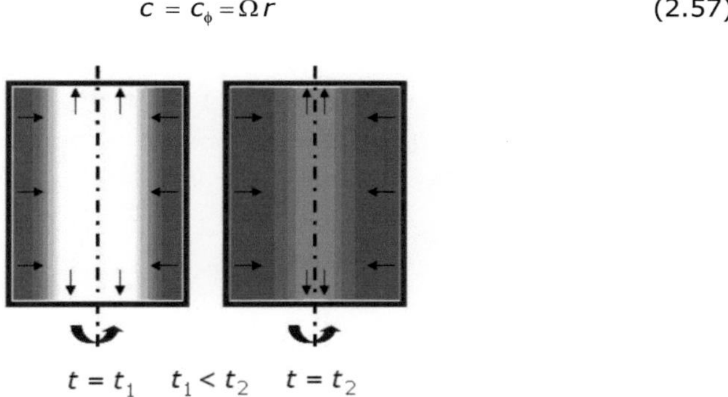

Abbildung 2.8 „Spin-Up" Effekt beim Anfahren einer geschlossenen Kavität unter isothermen Bedingungen nach [Greenspan 1950]

Im Gegensatz dazu können bei instationären Anfahr- oder Abfahrvorgängen axiale und radiale Geschwindigkeitskomponenten auftreten. Diese Effekte werden nach [Greenspan 1950] „Spin-Up" oder „Spin-Down" genannt. Der „Spin-Up" Effekt ist in Abbildung 2.8 veranschaulicht. Bei einer schlagartigen Beschleunigung der Kammer auf eine konstante Winkelgeschwindigkeit, wird das bis dahin ruhende Fluid in Mantelnähe durch die Haftbedingung und Reibung mitgerissen. Zusätzlich wird Fluid aus dem Kern, entsprechend der Strömung an einer freien rotierenden Scheibe, vgl. Kapitel 2.3, angesaugt und an den beiden Scheiben radial nach außen transportiert. Dieser Prozess dauert solange an bis die beiden Mantelgrenzschichten zusammengewachsen sind und die Strömung als Festkörper mit $\beta = 1$ rotiert.

2.5.2 Strömung mit Temperaturgradient

Die Strömung und der Wärmeübergang in einer geschlossenen, nicht durchströmten Kammer mit Temperaturgradienten wurde z.B. ausführlich in den numerischen und experimentellen Arbeiten von [Bohn 1994/1995/1996/1998] und von [King 2003/2010] untersucht. Die Kammerströmung wird zusätzlich zur Rotation der Wände durch eine starke natürliche Konvektionsströmung beeinflusst, die aufgrund von Dichtegradienten im Fliehkraftfeld entsteht.

Nach [Bohn 1995] sind grundsätzlich zwei Fälle zu unterscheiden - axialer und radialer Temperaturgradient. Die Kammern I und II in Abbildung 2.9 zeigen einen axialen Temperaturgradienten, wobei es sich bei Kammer I um einen geschlossenen Zylinder und bei Kammer II um eine geschlossene Ringkammer handelt. Die Scheiben besitzen eine homogene, aber voneinander verschiedene Temperatur und die Mantelflächen sind adiabat. Es entsteht ein toroidaler Wirbel, der in den Wandgrenzschichten an der wärmeren Wand (T_h) nach innen und an der kälteren Wand (T_c) nach außen strömt. In der Kernregion ist nahezu keine Strömung vorhanden. In einem rotierenden Zylinder kann zusätzlich in Achsnähe auch ein entgegen drehender, toroidaler Wirbel entstehen.

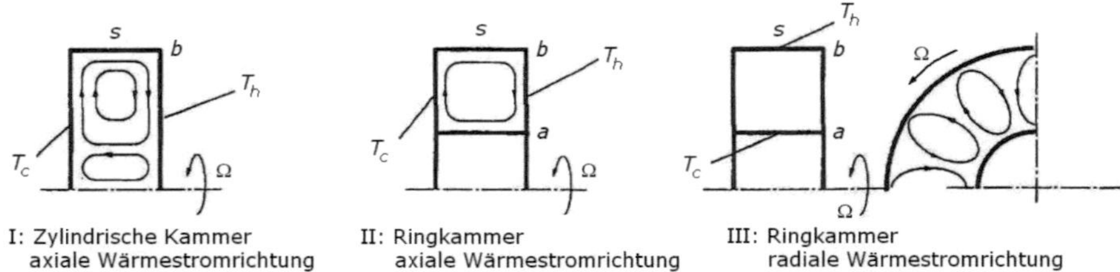

Abbildung 2.9 Strömungsstrukturen in geschlossenen Kavitäten für unterschiedliche Konfigurationen nach [Bohn 1995]

Die Kammer III in Abbildung 2.9 zeigt eine Strömung mit radialem Temperaturgradienten, wie sie z.B. in Gasturbinen auftritt. Die äußere Mantelfläche ist beheizt, die innere gekühlt und die Scheiben werden als adiabat angesehen. Durch Dichteunterschiede entsteht eine natürliche Konvektionsströmung, die in der r-ϕ-Ebene mehrere zyklonische (Drehsinn gleich der Kammer, niedriger Druck) und antizyklonische (Drehsinn entgegen der Kammer, hoher Druck) Wirbelpaare bildet. Dieses Strömungsphänomen, welches auch bei laminarer Strömung auftritt, ist unter Gravitationseinfluss in dünnen Schichten als Rayleigh-Bénard-Konvektion bekannt. Diese Instabilität wurde erstmals experimentell in [Bénard 1900] beschrieben und später von [Rayleigh 1916] theoretisch bestätigt. Wie die numerischen Simulationen von [Bohn 1995] und [King 2003/2010] zeigen, entstehen im Fliehkraftfeld geschlossener Kavitäten mit radialem Temperaturgradienten Strömungsstrukturen ähnlich denen der Rayleigh-Bénard-Konvektion. Zur Charakterisierung der Strömung wird die Rotations-Rayleigh-Zahl nach [Bohn 1995] gemäß Gleichung 2.58 verwendet. Die Größen sind in der Abbildung 2.9 dargestellt.

$$Ra_\phi = \frac{(a+b)\Omega^2 (T_h - T_c)(b-a)^3}{(T_h + T_c)\nu^2} \cdot Pr \qquad (2.58)$$

Die Temperaturfelder in Abbildung 2.10 zeigen die Ergebnisse zweidimensionaler, instationärer numerischer Simulationen von [King 2010] für die Kammer B nach [Bohn 1995], vgl. Tabelle 2.2. Ab einer Rotations-Rayleigh-Zahl von etwa $Ra_\phi = 10^7$ wird die stabile Struktur mehrerer Wirbelpaare am Außenradius mitgerissen und beginnt instabil zu werden. Bei weiterer Steigerung der Rotations-Rayleigh-Zahl wird die Strömung ab etwa $Ra_\phi = 10^9$ turbulent und zerfällt in kleine, instabile Wirbel. Es ist anzunehmen, dass sich beim Übergang zu turbulenter Strömung ähnliche Instabilitäten wie in Rotor-Stator Systemen oder an der freien Scheibe, vgl. die Kapitel 2.3 und 2.4, bilden und mit der Strömungsstruktur der Rayleigh-Bénard-Konvektion interagieren. Die Ergebnisse von [King 2010] decken sich mit den Berechnungen von [Bohn 1995].

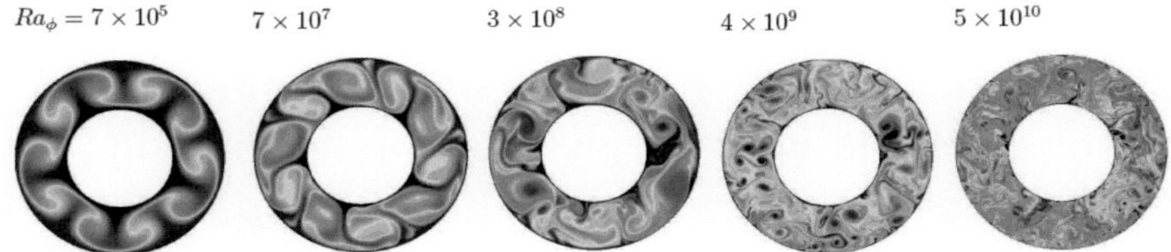

Abbildung 2.10 Numerische Simulation des Temperaturfeldes in einer geschlossenen Ringkammer für variierte Rotations-Rayleigh-Zahlen, innerer Zylinder kalt, äußerer Zylinder warm nach [King 2010]

Der Wärmeübergang für den Fall eines radialen Temperaturgradienten entsprechend Bild III in Abbildung 2.9 ist von [Bohn 1995] für drei Konfigurationen in einem Bereich von $10^7 < Ra_\phi < 10^{11}$ angegeben. Eine Übersicht der Konfigurationen gibt Tabelle 2.2. Die Definition der Nusselt-Zahl in den Korrelationen entspricht Gleichung 2.59.

$$Nu = \frac{q_w (b-a)}{\lambda_f (T_h - T_c)} \qquad (2.59)$$

Tabelle 2.2 Korrelationen für verschiedene Konfigurationen einer geschlossenen Kammer mit radialem Temperaturgradient nach [Bohn 1995]

	A	B	C (45° Segmente)
a, *b*, *s* [mm]	125, 355, 120	125, 240, 120	125, 240, 120
Korrelation	$Nu = 0{,}246\, Ra_{\phi}^{0{,}228}$ (2.60)	$Nu = 0{,}317\, Ra_{\phi}^{0{,}211}$ (2.61)	$Nu = 0{,}365\, Ra_{\phi}^{0{,}213}$ (2.62)

Die Kammer B in Tabelle 2.2 wird weiterführend in [Bohn 1996] untersucht und die Korrelation nach Gleichung 2.63 für einen axialen Temperaturgradienten entsprechend Bild II in Abbildung 2.9 angegeben. Dabei muss in den Definitionen der Rotations-Rayleigh-Zahl und der Nusselt-Zahl, vgl. Gleichung 2.58 und 2.59, der Term (*b*-*a*) durch die Kammerbreite *s* ersetzt werden.

$$Nu = 0{,}346\, Ra_{\phi}^{0{,}124} \tag{2.63}$$

Der Wert des Exponenten dieser Korrelation im Vergleich zum Exponenten der Gleichung 2.61 verdeutlicht, dass in geschlossenen Kavitäten der radiale Wärmetransport dominant gegenüber dem axialen ist.

Im Folgenden wird auf die Strömung und den Wärmeübergang an den Scheiben in einer rotierenden Kavität mit achsnaher, axialer Durchströmung eingegangen. Der Wärmeübergang am Mantel, z.B. in [Long 1994b/2007b], ist nicht Gegenstand dieser Arbeit.

2.6 Rotierende Kavität mit axialer Durchströmung

2.6.1 Strömung ohne Temperaturgradienten

Die Strömungsstruktur einer isothermen, rotierenden Kammer ohne Innenwelle mit drallbehafteter, axialer Einströmung wird in [Farthing 1992b] mittels Visualisierung und LDA untersucht. Die visuellen Eindrücke der Rauchverteilung bei Variation des Spaltverhältnisses und der Rossby-Zahl, vgl. Gleichung 2.31, sind auf der linken Seite der Abbildung 2.11 für Re_z = 5000 dargestellt, was einer sehr langsamen ($\overline{w}_z \approx 2$ m/s), aber turbulenten Einströmung ($Re_z > 2300$) entspricht. Die rechte Seite der Abbildung 2.11 zeigt ein Diagramm zur Wirbelablösung im Eintrittsstrahl für G = 0,533. Darin werden verschiedene Moden der Wirbelablösung definiert und deren Beobachtung im Rauchversuch in Abhängigkeit der Rotations- und axialen Reynolds-Zahl bzw. der Rossby-Zahl gezeigt. Ob die beobachteten Moden auch bei einer Einströmung durch einen Ringspalt auftreten, ist bisher nicht untersucht. Eine Übersicht der von [Farthing 1992b] für G = 0,533 definierten Moden und deren Bedeutung gibt Tabelle 2.3.

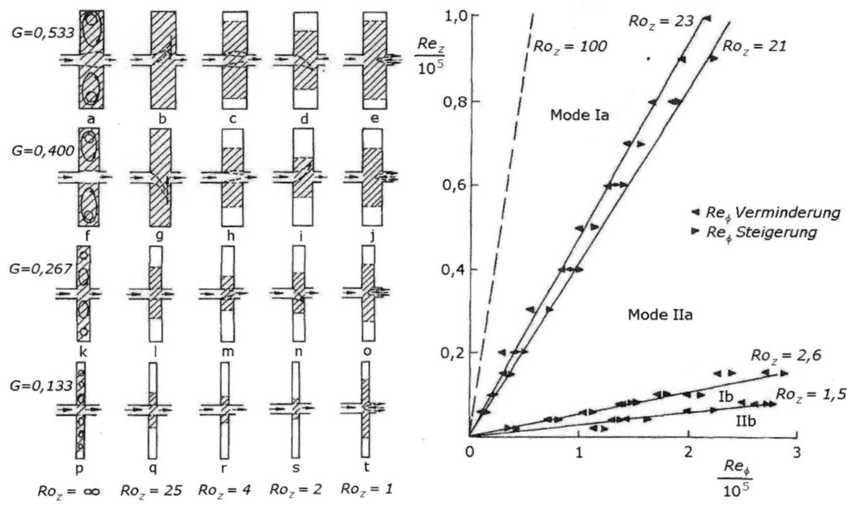

Abbildung 2.11 Visuelle Eindrücke der Rauchverteilung für langsame, drallbehaftete, turbulente Einströmung mit Re_z = 5000, verschiedene Spaltverhältnisse und Rossby-Zahlen (links), Moden der Wirbelablösung für G = 0,533 (rechts) aus [Farthing 1992b]

Tabelle 2.3 Moden der Wirbelablösung im runden, drallbehafteten Eintrittstrahl bei axialer Durchströmung für G = 0,533 nach [Farthing 1992b]

Mode	Symmetrie	Bedeutung	Beobachtung	Einströmung
Ia	nicht axial	Kreiselbewegung	$100>Ro_z>23$	nur turbulent
IIa	axial	oszillierende Strahlränder	$21>Ro_z>2{,}6$	nur turbulent
Ib	nicht axial	ähnlich einer flackernden Flamme	$2{,}6>Ro_z>1{,}5$	laminar und turbulent
IIb	axial	Rückströmung am Austritt	$Ro_z<1{,}5$	laminar und turbulent

Zusätzlich zu den Beobachtungen der Rauchverteilung sind auch die Moden der Wirbelablösung auf der linken Seite der Abbildung 2.11 dargestellt. Bei G = 0,267, das im Mittel dem Spaltverhältnis der Kammern in dieser Arbeit entspricht, konnten alle Moden bis auf die Kreiselbewegungen (Mode Ia) beobachtet werden.

Die schraffierten Flächen in Abbildung 2.11 entsprechen den Bereichen, in denen der Rauch schnell eindrang. In [Farthing 1992b] wird daraus auf den Austauschmassenstrom, d.h. den Massenstrom, der radial in die Kammer eindringt, geschlossen. Bei G = 0,267 wird deutlich, dass für kleiner werdende Rossby-Zahlen der Austausch zunächst sinkt, für $Ro_z < 4$ aber wieder ansteigt. Eine physikalische Erklärung für dieses Minimum im Austauschmassenstrom wird nicht gegeben. Im Fall einer stehenden Kammer ($Ro_z = \infty$) wurden toroidale Wirbel beobachtet, deren Anzahl vom Spaltverhältnis abhängt. Für G = 0,267 wurden bei Anströmung von links ein links drehender, starker, toroidaler Wirbel im inneren Teil der Kammer und ein rechts drehender, schwächerer, toroidaler Wirbel im äußeren Teil der Kammer visualisiert.

Zusammenfassend ist festzustellen, dass bereits die Strömung ohne Temperaturgradienten dreidimensional und zum Teil instationär ist, da aufgrund der Durchströmung toroidale Wirbel entstehen und es am Eintrittsstrahl zu nicht axialsymmetrischer Wirbelablösung kommen kann. Bei der Strömung mit Temperaturgradienten, die im Folgenden betrachtet werden soll, kommen auftriebsinduzierte Strömungen hinzu.

2.6.2 Strömung mit Temperaturgradienten

Bei der axialen Durchströmung mit Temperaturgradienten sind zwei grundlegende Fälle zu unterscheiden: radiale und axiale Temperaturgradienten. [Farthing 1992b] untersuchte zusätzlich zur oben beschriebenen isothermen Strömung den Einfluss verschiedener Temperaturgradienten. Die prinzipielle Strömungsstruktur der r-ϕ-Ebene für einen negativen radialen Temperaturgradienten in einer symmetrisch beheizten Kammer, d.h. an beiden Scheiben ist das gleiche, radial abfallende Temperaturprofil eingestellt, ist in Abbildung 2.12 gezeigt. Der Rotormantel ist dabei nicht beheizt. Die warme Luft strömt aus der zentralen Anströmung in einem „radialen Arm" in die Kammer. Am Rotormantel bilden sich, wie in einer geschlossenen, beheizten Kammer nach Kapitel 2.5.2, zwei Wirbel, ein mitdrehender Zyklon mit niedrigerem Druck und ein entgegendrehender Antizyklon mit höherem Druck. Dazwischen bildet sich eine Separationszone mit niedrigen Strömungsgeschwindigkeiten. Die Asymmetrie der Wirbelgröße zwischen Zyklon und Antizyklon entsteht durch die unterschiedliche Relativgeschwindigkeit bei der Abkühlung an der kalten Mantelfläche. Ist das Fluid abgekühlt, strömt es wandnah in den Grenzschichten radial nach innen. Bei [Farthing 1992b] wird für diese Grenzschichten der Begriff Ekman-Schichten verwendet, obwohl die Strömung zentripetal gerichtet ist. Nach [Oertel 2008] wird die Grenzschicht an einer rotierenden Wand, was hier gegeben ist, allgemein als Ekman-Schicht bezeichnet. Nicht zu verwechseln mit der ebenfalls zentripetal gerichteten Bödewadt-Schicht, die in Kapitel 2.4 bei Rotor-Stator Systemen auftrat, die eine rotierende Grenzschicht an einer festen Wand darstellt. Die gesamte Strömungsstruktur nach Abbildung 2.12 rotiert etwas langsamer als die Scheiben, es gilt $\beta \leq 1$.

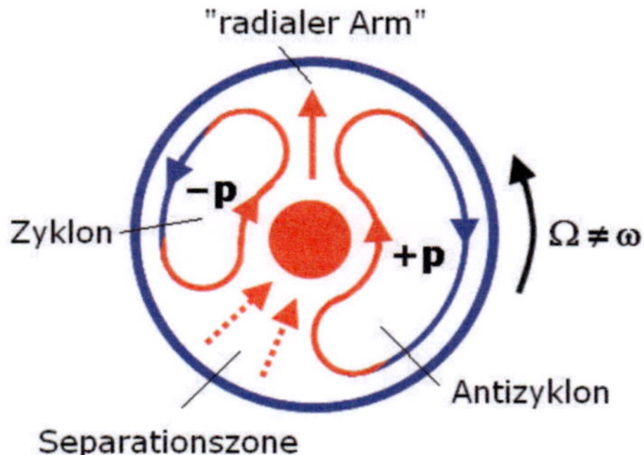

Abbildung 2.12 Strömungsstrukturen in einer axial durchströmten Kavität mit gekühltem Mantel und warmer zentral eintretender Luft nach [Farthing 1992b]

Für axiale und positive radiale Temperaturgradienten konnte in [Farthing 1992b] ein einfaches Wirbelpaar, wie in Abbildung 2.12, nicht beobachtet werden, vielmehr bildeten sich zwei oder drei Wirbelpaare. Die Struktur ist dann vergleichbar mit den für eine geschlossene Kammer berechneten Konturen der Rayleigh-Bénard-Konvektion von [King 2010], vgl. Abbildung 2.10 linkes Bild, jedoch aufgrund der oben beschriebenen Wirbelablösung und der Toroidalwirbel instabiler. Experimente von [Owen 2004] zeigten, dass bei geringer Durchströmung $Re_z < 1{,}3\text{x}10^4$ ein auftriebsinduziertes Regime entsteht und bei höheren axialen Reynoldszahlen die Durchströmung dominiert. Vor allem die auftriebsinduzierte Strömung und die Bildung der Wirbelpaare sind Gegenstand zahlreicher numerischer Untersuchungen, z.B. mit instationären RANS [Tucker 2002, Tian 2004, Bohn 2006], RANS und LES [Sun 2007, Tan 2009] und Spektralmethoden [He 2011], die im Allgemeinen die Beobachtungen, die gemessenen Geschwindigkeiten und teilweise den Wärmeübergang der Experimente bestätigen. In [Bohn 2006] wird gezeigt, dass die Anzahl der Wirbelpaare, die aufgrund von Auftriebskräften entstehen, zeitlich veränderlich ist. Es wird vermutet, dass die Anzahl und Stärke von der Corioliskraft abhängt.

Beobachtungen der lokalen adiabaten Wandtemperaturen von [Kaiser 2001] mittels Flüssigkristallen auf Fensterinnenseiten bei hohen Drehfrequenzen bis zu $Re_{\phi} = 5x10^6$ zeigten keine Hinweise auf stabile Wirbelstrukturen, die maßgebliche Temperaturgradienten erzeugen. Die von [Kaiser 2001] untersuchte axiale Strömung wurde nur vom Mantel beheizt, woraus ein geringerer Wärmeaustrag als für ringsum beheizte Strömungen resultiert. In [Owen 2007] wird das Prinzip der maximalen Entropieproduktion (MEP) auf rotierende Kammerströmungen angewendet. Dabei wird das Strömungsfeld als selbstorganisierendes System mit Hilfe der Nichtgleichgewichts-Thermodynamik modelliert und ist stabil, wenn die Entropieproduktion bzw. für die rotierende Kammer der Wärmeaustrag maximal ist. Bei minimalem Wärmeaustrag ist die Strömung instabil.

Nach den Visualisierungen und LDA-Messungen von [Farthing 1992b] vergrößert sich der Austauschmassenstrom, d.h. der Massenstrom, der bei axialer Durchströmung radial in die Kammer eindringt, im Vergleich zu isothermen Bedingungen aufgrund der zusätzlichen auftriebsinduzierten Strömung. Eine weitere Erhöhung im Austausch wurde bei in radialer Richtung ansteigenden Temperaturen im Vergleich zu abfallenden beobachtet, da eine instabile Dichteschichtung entsteht, d.h. Zentrifugalkraft und Auftriebskraft sind entgegengesetzt. Etwa zeitgleich wurde von [Black 1992] eine Untersuchung des Austausches mittels rotierender, kohärenter Anti-Stokes-Raman-Spektroskopie (CARS) veröffentlicht. Dabei wurde die Einmischung von Sauerstoff in die Kammer nach einem Wechsel des durchströmenden Mediums von Stickstoff zu Luft gemessen. Für Rossby-Zahlen von $0{,}3 < Ro_z < 1{,}2$ wurde ein Austauschmassenstromverhältnis M entsprechend Gleichung 2.64 zwischen $M = 41\%$ und $M = 47\%$ angegeben.

$$M = \frac{\dot{m}_A}{\dot{m}} \tag{2.64}$$

[Long 1994a] bestimmt für $Ro_z < 1$ ein Austauschverhältnis von $M = 50\%$ mittels einer Wärmestrombilanz aus gemessenen Lufttemperaturen und Nusselt-Zahlen. Bei $Ro_z > 10$ sinkt der Wert auf $M = 10\%$, wobei die Abhängigkeit vom Spaltverhältnis gering ist. Die in dieser Arbeit verwendete Methode zur Bestimmung der Austauschmassenstromverhältnisse wird in Kapitel 4.5 präsentiert.

In [Long 2007a] sind für verschiedene Eintrittsspalte ($d_h/b = 0{,}164$ und $0{,}092$) die Geschwindigkeitskomponenten mittels LDA gemessen worden. Dabei wurde festgestellt, dass ein kleinerer Eintrittsspalt die tangentiale Komponente bzw. das Kernrotationsverhältnis vor allem im inneren Kammerbereich verringert. In Übereinstimmung mit [Owen 2004] zeigten die Messungen, dass die axialen und radialen Komponenten um zwei Größenordnungen kleiner waren als die tangentiale. Daraus resultiert, dass neben den Ähnlichkeitskennzahlen und dem Austauschmassenstrom, das Kernrotationsverhältnis für rotierende Kammerströmungen ein entscheidender Parameter ist.

Im Folgenden wird der lokale Wärmeübergang an den Scheiben thematisiert. Die Tabelle 2.4 vergleicht geometrische und experimentelle Parameter der vorliegenden Arbeit zu Untersuchungen anderer Autoren.

Tabelle 2.4 Vergleich geometrischer und experimenteller Parameter der vorliegenden Arbeit zu bisher veröffentlichten Untersuchungen zum Wärmeübergang an den Scheiben bei axialer Durchströmung

	vorliegende Arbeit	[Farthing 1992a]	[Burkhardt 1992]	[Kim 1994]	[Long 1994a]	[Bohn 2000]	[Long 2006]	[Patounas 2009]
Anzahl Kammern	2	1 (Rigs a-d)	5	1	1	1	4	6
a,b,s [mm]	40,195,50-60	45,426,59 (d)	-	63,251,50	45,485,65/174	120,400,80	70,220,43	106,296,50
$G = s/b$	0,26-0,31	0,13-0,53 (b)	0,26	0,20	0,13/0,36	0,20	0,19	0,17
Innenwelle	stationär	-	rotierend	-	-	rotierend	stationär	stationär
d_h/b	0,062	0,200 (b) 0,211 (d)	-	0,500	0,186	0,090	0,092/0,164	0,144
T_W radial	variiert	variiert	ansteigend	variiert	ansteigend	ansteigend	ansteigend	ansteigend
Mantel	beheizt / unbeheizt	unbeheizt	beheizt	beheizt	beheizt / unbeheizt	beheizt	beheizt	Beheizt
Re_ϕ	$\leq 1{,}1\text{x}10^7$	$\leq 5{,}0\text{x}10^6$	$\leq 5{,}6\text{x}10^6$	$\leq 5{,}1\text{x}10^5$	$\leq 5{,}0\text{x}10^6$	$\leq 8{,}0\text{x}10^5$	$\leq 4{,}0\text{x}10^6$	$\leq 1{,}0\text{x}10^7$
Re_z	$\leq 1{,}2\text{x}10^5$	$\leq 1{,}6\text{x}10^5$	$\leq 9{,}5\text{x}10^4$	$\leq 2{,}5\text{x}10^5$	$\leq 1{,}6\text{x}10^5$	$\leq 7{,}0\text{x}10^4$	$\leq 1{,}8\text{x}10^5$	$\leq 1{,}1\text{x}10^5$

In [Farthing 1992a] wurde der lokale Wärmeübergang mit zwei Messmethoden gemessen, zum einen mit der transienten Wärmeleitungsmethode aus Oberflächentemperaturmessungen mit Thermoelementen und zum anderen direkt mit Wärmestromsensoren. Bei symmetrisch beheizter Kammer sind die gemessenen lokalen Nusselt-Zahlen der angeströmten und der nicht angeströmten Scheiben gleich. Die Wärmestrahlung kann in diesem Fall vernachlässigt werden. Bei in radialer Richtung ansteigenden Temperaturen an den Scheiben steigt auch die Nusselt-Zahl mit zunehmendem Radius. Für diese Bedingungen ist eine Korrelation entsprechend Gleichung 2.65 angegeben.

$$Nu_r = 0{,}0054\,\mathrm{Re}_z^{0,30}\,Gr_r^{0,25}\left(x^{-1}-1\right)^{0,25} \quad (2.65)$$

$$Gr_r = \frac{\Omega^2\, r^4\,(T_w - T_i)}{T_i\,\nu^2} \quad (2.66)$$

Im umgekehrten Fall in radialer Richtung fallender Temperaturen sinkt die Nusselt-Zahl, wobei auch negative Nusselt-Zahlen angegeben sind. Dieser Sachverhalt physikalisch nicht sinnvoller Nusselt-Zahlen ist bereits in Kapitel

2.1.7 diskutiert worden. Bei axialem Temperaturgradienten in der Kammer ist der Wärmeübergang an der heißen Scheibe höher als an der kalten. Die Wärmestrahlung hat dabei die gleiche Größenordnung wie der konvektive Wärmetransport und muss berücksichtigt werden. Die Wärmeübergangsmessungen von [Bohn 2000] mit der Hilfswandmethode bestätigen die Ergebnisse von [Farthing 1992a], wobei für den größten gemessenen Massenstrom mit $Re_z = 7{,}0 \times 10^4$ im inneren Bereich der angeströmten Seite ein erhöhter Wärmeübergang gemessen wurde. Daraus wird deutlich, dass bei hohen Durchsätzen ein kleiner Eintrittsspalt im Vergleich zu einem größeren den Wärmeübergang im inneren Bereich erhöht.

Die folgenden Betrachtungen beziehen sich, wie die meisten Messungen dieser Arbeit, auf eine symmetrisch beheizte Kammer mit in radialer Richtung ansteigenden Temperaturen an den Scheiben, wie es für Gasturbinen typisch ist. Die Auswirkungen einer mit- bzw. entgegen den Scheiben rotierenden Innenwelle wurde von [Burkhardt 1992] und [Kaiser 2003] in Mehr-Kammer-Systemen untersucht. Darin erhöht sich bei [Burkhardt 1992] der Wärmeübergang an beiden Scheiben bis die Innenwellendrehfrequenz gleich der Rotordrehfrequenz ist. In Übereinstimmung mit der stehenden Innenwelle bei [Farthing 1992a] ist bei [Kaiser 2003] der Einfluss einer rotierenden auf den Wärmeübergang gering. In [Long 1994a] sind die prinzipiellen Mechanismen erklärt, die den Wärmeübergang an den Scheiben beeinflussen. Zum einen verursachen Auftriebskräfte natürliche Konvektionsströmungen, die destabilisierend auf die Kammerströmung wirken und zum anderen beeinflusst die Anströmung direkt oder durch Wirbelablösung indirekt den Wärmeübergang im inneren Teil der Kammer.

Die Veröffentlichungen von [Long 2006] und [Patounas 2009] behandeln den Wärmeübergang an den Scheiben in maschinennahen Mehr-Kammer-Versuchsständen. Beide, wie auch [Farthing 1992a] und [Burkhardt 1992], benutzten die Wärmeleitungsmethode mit der Annahme einer adiabaten Mittelebene basierend auf Messungen der Oberflächentemperatur mit Thermoelementen. Aufgrund der spärlichen Instrumentierung werden bei [Long 2006] nur gemittelte Nusselt-Zahlen angegeben und in den lokalen Ergebnissen von [Patounas 2009] finden sich Unstetigkeiten. Diese „Turning Points“ genannten Singularitäten lagen auf der angeströmten Seite im Bereich von $x = 0{,}7$ und wurden als Messfehler interpretiert. Ähnliche Singularitäten in diesem Bereich finden sich auch in den Ergebnissen von [Farthing 1992a] und [Burkhardt 1992]. Diese Unstetigkeiten werden anhand der Ergebnisse in Kapitel 5 erklärt. Im folgenden Kapitel wird auf die radiale Einströmung in rotierenden Kavitäten eingegangen. Der Fall einer radialen Ausströmung wird nicht betrachtet.

2.7 Rotierende Kavität mit radialer Einströmung

Einen Überblick zu radialen Strömungen in rotierenden Kavitäten und deren Wärmeübergang, sowie theoretische Modelle zur Berechnung als freie Wirbelströmung finden sich in [Owen 1995] und in [Childs 2011]. Des Weiteren wird ein einfaches Modell zur Strömungsmodellierung in [Uffrecht 2012a] beschrieben. Umfangreiche Ergebnisse von Strömungsvisualisierung und Messungen des Wärmeübergangs bei radialer Einströmung von Luft in eine rotierende Kammer wurden von [Firouzian 1985/1986] veröffentlicht. Die Versuche wurden dabei für Rotations-Reynolds-Zahlen bis $Re_\phi \leq 10^6$ und mit radialer Einströmung bis zu Massenstromraten von $C_w \leq -8000$ durchgeführt. Wichtige Parameter bei radialer Einströmung sind der Vordrall c und der Eintrittsdrall c_{eff}, die wie folgt definiert sind.

$$c = \beta = \frac{v_\phi}{\Omega r} \quad (2.67) \qquad c_{eff} = \beta_b = \frac{v_{\phi,r=b}}{\Omega r} \quad (2.68).$$

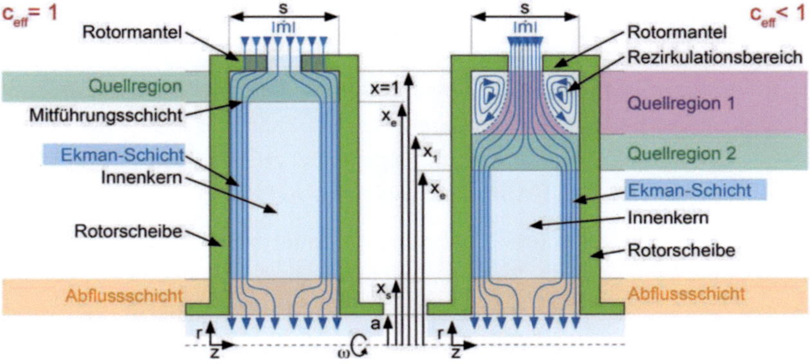

Abbildung 2.13 Schematische Stromlinien und charakteristische Regionen der radialen Einströmung in eine rotierende Kammer in Abhängigkeit des Eintrittsdralls (links: ohne Vordrall $c_{eff} = 1$, rechts: mit Vordrall $c_{eff} < 1$)

Der Vordrall c entspricht dem Kernrotationsverhältnis β der Einströmung kurz vor dem Eintritt in die Kammer. Der Eintrittsdrall c_{eff} ist das effektive Kernrotationsverhältnis β_b nach der Einmischung in die Kammer. Die Ausdehnung dieser Mischzone ist minimal und wird bei theoretischen Betrachtungen vernachlässigt. Ohne ein beschleunigendes Vordrallsystem gilt $0 \leq c_{eff} \leq 1$. Ein Zusammenhang zwischen beiden Größen findet sich in [Owen 1995, S.116].

Die prinzipielle Strömungsstruktur in einer rotierenden Kammer mit radialer Einströmung nach [Firouzian 1985] und [Owen 1995] ist in Abbildung 2.13 für die Fälle ohne Eintrittsdrall $c_{eff} = 1$ (links) und mit Eintrittsdrall $c_{eff} < 1$ (rechts) dargestellt. Die Strömung wird in vier Hauptregionen eingeteilt: Quellregion, Grenzschichten, Innenkern und Abflussschicht. Ist ein Eintrittsdrall vorhanden, bilden sich im äußeren Bereich der Kammer Rezirkulationsgebiete, die als Quellregion 1 bezeichnet werden. Die Quellregion 2 bzw. die Quellregion für eine Strömung ohne Eintrittsdrall umfasst den Bereich, in der sich die einströmende Luft auf die beiden Scheibengrenzschichten verteilt. In diesen Ekman-Schichten wird die Luft radial nach innen transportiert. Zwischen den Grenzschichten bildet sich ein reibungsfreier Innenkern, in dem nahezu keine axialen oder radialen Geschwindigkeitskomponenten auftreten. Das Kernrotationsverhältnis ist $\beta > 1$, d.h. die Strömung dreht schneller als die Scheiben. Die Region, wo sich die Luft aus den beiden Grenzschichten wieder vereint und meist axial abtransportiert wird, wird als Abflussschicht definiert.

Eine Untersuchung zum Wärmeübergang an den Scheiben für eine Kammer mit radialer Einströmung bei der nur eine Scheibe beheizt war, d.h. mit axialem Temperaturgradient, ist von [Firouzian 1986] veröffentlicht. Die mittels Wärmeleitungsmethode basierend auf Messungen der Oberflächentemperaturen mit Thermoelementen bestimmten mittleren Nusselt-Zahlen zeigen eine signifikante Erhöhung des Wärmeübergangs im Vergleich zur axialen Durchströmung. Informationen zum lokalen Wärmeübergang sind nicht angegeben.

Untersuchungen zu gemischter Strömung in rotierenden Kavitäten z.B. axiale Durchströmung und radiale Einströmung sind dem Autor nicht bekannt. Die prinzipielle Struktur der gemischten Strömung ist als Superposition von rein axialer Durchströmung, vgl. Abbildung 2.12 und rein radialer Einströmung, vgl. Abbildung 2.13 vorstellbar. Es ist anzunehmen, dass für den Fall eines radialen Temperaturgradienten eine instabile, dreidimensionale Strömung entsteht, die den Wärmeübergang vor allem in der Mischzone im Vergleich zu den Einzelströmungen deutlich erhöht. Im folgenden Kapitel werden aus der dargelegten Literatur Schlussfolgerungen für diese Arbeit gezogen.

2.8 Schlussfolgerungen aus der Literatursichtung

Aus der Literatursichtung wird deutlich, dass der lokale Wärmeübergang in rotierenden Kavitäten für maschinennahe Bedingungen selbst für den Referenzfall der axialen Durchströmung wenig erforscht ist. Untersuchungen zum Einfluss gemischter Strömung sind dem Autor nicht bekannt. Dabei können große Unterschiede im örtlichen Wärmeübergang, Temperaturunterschiede und damit zusätzliche Wärmespannungen hervorrufen, die sich auf die Festigkeit und Lebensdauer der Scheiben auswirken.

Nach der bekannten Literatur ist der Wärmeübergang bisher nur auf einer Seite der Scheibe betrachtet worden, sei es in Ein-Kammer-Systemen oder in Mehr-Kammer-Systemen mit der Annahme einer adiabaten Mittelebene. Eine Untersuchung der Interaktion von zwei Kammerströmungen auf den lokalen Wärmeübergang an beiden Seiten einer dazwischen liegenden Scheibe bleibt offen. Diese Betrachtungsweise könnte auch Hinweise liefern, dass die Unstetigkeiten in den lokalen Ergebnissen von [Farthing 1992b], [Burkhardt 2001] und [Patounas 2009] physikalisch begründet sind. Zur Interpretation der Ergebnisse des lokalen Wärmeübergangs ist die Kenntnis der Strömung unerlässlich.

Die grundlegenden Strömungsstrukturen in rotierenden Kavitäten sind für die Hauptströmungen: geschlossen, axiale Durchströmung und radiale Einströmung bekannt und deren Ursachen weitestgehend erforscht.

Offene Fragestellungen zur Strömung betreffen die axiale Durchströmung hinsichtlich des Austauschmassenstroms und der Stabilität der Wirbelstrukturen, die beide Einfluss auf den Wärmeübergang haben, sowie grundlegend die gemischte Strömung. Da die Strömungsgeschwindigkeiten für die zu untersuchenden maschinennahen Bedingungen nicht direkt messbar sind, müssen Informationen aus Druck- und Temperaturmessungen gewonnen werden. Anhand numerischer Simulationen lässt sich das Verständnis der Strömung erweitern.

Der Hauptaspekt dieser Arbeit liegt, aus den vorangegangenen Schlussfolgerungen abgeleitet, in der experimentellen Untersuchung des lokalen Wärmeübergangs auf beiden Seiten einer rotierenden Scheibe unter maschinenähnlichen Bedingungen für axiale und gemischte Anströmung. Daraus ergeben sich die Anforderungen an den Versuchsstand, die Instrumentierung und das Versuchprogramm, die im folgenden Kapitel beschrieben werden.

3 Versuchsstand und Versuchsprogramm

3.1 Zwei-Kammer-Modellrotor

Die Anforderungen an den Versuchsstand erfordern mindestens ein Zwei-Kammer-System, welches bereits am Lehrstuhl für Magnetofluiddynamik, Mess- und Automatisierungstechnik (MFD) des Instituts für Strömungsmechanik (ISM) der Technischen Universität Dresden vorhanden war. Die Abbildung 3.1 zeigt ein Foto des Zwei-Kammer-Modellrotors in der untersuchten Konfiguration für axiale Durchströmung mit Blick auf die Abtriebsseite, vgl. Abbildung 3.2.

Abbildung 3.1 Foto des instrumentierten Zwei-Kammer-Modellrotors in der Konfiguration für axiale Durchströmung

3.1.1 Entstehung und abgeschlossene Untersuchungen

In Kooperation mit der heutigen MTU Aero Engines aus München wurde 1999 am damaligen Lehrstuhl für Mess- und Automatisierungstechnik der TU Dresden unter Leitung von Prof. Dr. Erwin Kaiser im Rahmen des „Engine 3E 2010" Programms ein Versuchstand zur „Experimentellen Untersuchung generischer Rotor-Belüftungskonfigurationen" aufgebaut. Die Ergebnisse dieser Untersuchung sind in [Kaiser 2001/2003a] zusammengefasst. Zur Erforschung verlustarmer, radialer Ein- bzw. Ausströmung wurden Druck-Durchsatz-Korrelationen für verschiedene radial gerichtete Luftführungsrohre (LFR) in den Kammern und deren Auswirkungen auf die Temperatur- und Wärmestromverteilung an den Scheiben gemessen. LDA-Messungen der tangentialen und axialen Geschwindigkeitskomponenten in einer axial durchströmten Kammer ohne LFR bestätigten die Ergebnisse aus der Literatur, z.B. von [Farthing 1992b]. Strömungsvisualisierung mit Rauch im Laserlichtschnitt [Uffrecht 2005] und Messungen der adiabaten Wandtemperatur mit Flüssigkristallen [Kaiser 2003b] gaben keine Hinweise auf stationär umlaufende Wirbelstrukturen. Die Untersuchung weiterer LFR-Konfigurationen [Kaiser 2004] führte zu einem Patent [MTU 2006] und ist zusammen mit den früheren Ergebnissen zu LFR von [Günther 2008] veröffentlicht. Das darauffolgende Projekt COOREFF-T 1.3.6 „Wärmeübergang in rotierenden Kammern" im Rahmen des Forschungsverbundes AG Turbo bildet die Grundlage dieser Arbeit. Teilaspekte des Projektes finden sich auch in [Uffrecht 2008/2012a], [Brandenburg 2009] und [Günther 2009/2010/2012a].

3.1.2 Hauptbaugruppen und Versorgungssystem

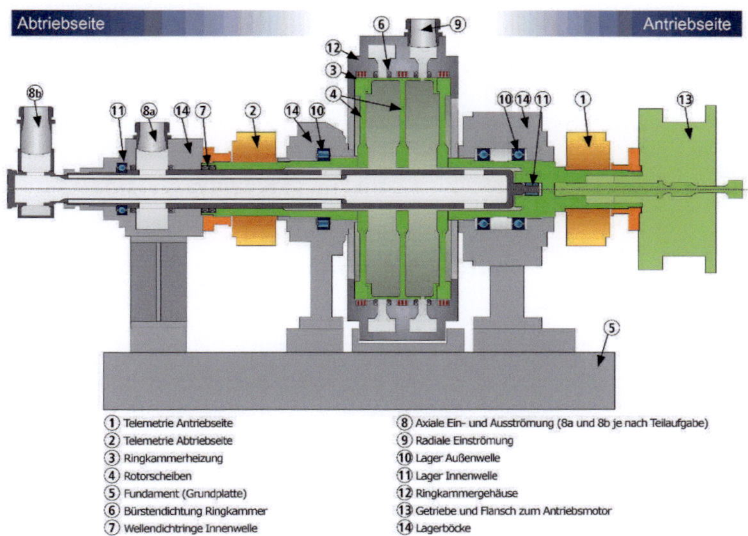

Abbildung 3.2 Schematischer Aufbau und Bezeichnungen der Hauptbaugruppen des Zwei-Kammer-Modellrotors mit stehender Innenwelle für die Untersuchung des lokalen Wärmeübergangs an der Mittelscheibe bei axialer und gemischter Strömung

Die Abbildung 3.2 zeigt einen Querschnitt des Zwei-Kammer-Modellrotors mit stehender Innenwelle für die Untersuchung des lokalen Wärmeübergangs an der Mittelscheibe bei axialer und gemischter Strömung. Die Hauptbaugruppen sind farbig gekennzeichnet und benannt. Rotierende Teile werden grün, stehende Teile grau und messtechnisch relevante Teile gelb dargestellt.

Der Rotor entspricht den Anforderungen nach maschinenähnlichen Geometrien und Materialen. Die zwei Kavitäten werden von drei Rotorscheiben mit Nabenverdickung und einem Außendurchmesser von 400 mm gebildet. Die beiden seitlichen Scheiben gehen innen in die Außenwelle über und sind außen über spezielle Zugschrauben, wie sie auch im Triebwerksbau verwendet werden, am Rotormantel mit der Mittelscheibe verbunden. Im äußeren Teil der Kammern entsteht dadurch ein triebwerkstypischer Absatz. Zur Strömungsvisualisierung oder der Messung der adiabaten Wandtemperatur mittels Flüssigkristallen kann die abtriebsseitige Scheibe durch eine Scheibe mit sechs Fenstern (Ø 66 mm) aus Polycarbonat, die für Drehfrequenzen bis zu 6000 min^{-1} stabil sind, getauscht werden. Der gesamte Rotor besteht aus Edelstahl (1.4418) mit einer Wärmeleitfähigkeit von λ = 15 W/(mK). Aufgrund der Messmethode zur Bestimmung des Wärmeübergangs, auf die in Kapitel 4.3 eingegangen wird, musste die minimale Dicke der Mittelscheibe auf 10 mm, fast doppelt so dick wie die realen Referenzscheiben, festgelegt werden. Die charakteristischen Abmessungen des Zwei-Kammer-Modellrotors sind in Tabelle 3.1 zusammengefasst.

Tabelle 3.1 Charakteristische Abmessungen am Zwei-Kammer-Modellrotor

	Beide Kammern
Äußerer Radius b [mm]	194,5
Innerer Radius a [mm]	40
Kammerbreite s [mm]	50 ... 60
Innenwellenradius r_s [mm]	34
Mittelscheibendicke (x<0,39) [mm]	20
Mittelscheibendicke (x>0,48) [mm]	10
Spaltverhältnis G	0,26 ... 0,31
Bohrungsverhältnis x_a	0,21
Eintrittsspaltverhältnis d_h/b	0,062

Die maschinennahen, geometrischen Anforderungen erfordern den Einsatz einer Innenwelle, die die Kammern radial innen begrenzt und die, ähnlich der Niederdruckwelle im Triebwerk, langsamer als die Hochdruckscheiben rotiert. Gleichzeitig bildet die Innenwelle mit den Nabenbohrungen der Scheiben den Ein- und

Austrittsringspalt und hat im Versuchsstand die Aufgabe die axiale Durchströmung der Kammern in beide Richtungen zu gewährleisten. In dieser Arbeit wurde eine stationäre, d.h. nicht drehbare, Doppelhohlwelle verwendet, um eine axiale Durchströmung beider Kammern zu ermöglichen. Es ist auch möglich eine einfache Hohlwelle einzubauen, die rotiert werden kann. Diese wurde aber nicht verwendet, da die Untersuchung von [Kaiser 2003] gezeigt hat, dass ihr Einfluss auf den Wärmeübergang gering ist.

Die Ein- und Austrittskammern für den axialen Luftanschluss gewährleisten den Übergang der Luft durch je sechs Langlöcher aus dem Versorgungssystem in die Innenwelle. Eine Kammer ist fest mit der Doppelhohlwelle verbunden, eine andere ermöglicht den Einsatz einer rotierenden Innenwelle.

Die Untersuchung radialer Einströmung erfordert ein Ringkammergehäuse um den Rotor. Jede Rotorkammer besitzt eine separate Ringkammer im Gehäuse, wobei nur die rechte Kammer durch 13 Bohrungen mit 5 mm Durchmesser geöffnet ist. Die radialen Bohrungen können für rein axiale Durchströmung durch Stopfen verschlossen werden. Die Forderung nach frei zugänglichen Seitenscheiben zur Visualisierung bedingte den Einsatz von Bürstendichtungen mit 400 mm Durchmesser, die den notwendigen Druck in beiden Ringkammern halten. Der Rotormantel kann über drei separat regelbare Strahlungsheizungen, die direkt über den Scheiben im Ringkammergehäuse rundherum angeordnet sind, mit je 3 kW beheizt werden. Damit sind auch triebwerkstypische, thermische Randbedingungen möglich, wobei der Mantel beheizt wird und innen kühle Luft einströmt.

Der umgekehrte Fall einer Untersuchung mit gekühltem Mantel und warmer einströmender Luft innen, ist durch einen elektrischen Luftvorwärmer mit 120 kW im Druckluftversorgungssystem gewährleistet. Die angeschlossene Verdichterstation mit fünf Schraubenverdichter (Gesamtleistung 221 kW) und drei Lufttrockner liefert maximal einen Massenstrom von etwa 0,5 kg/s bei geregelten 5 bar absolut. Der maximale axiale Durchsatz, der in dieser Arbeit gemessen wurde, betrug 0,27 kg/s, was einer axialen Reynolds-Zahl von $Re_z = 1{,}2 \times 10^5$ entspricht. Der Ölgehalt der Druckluft wird mit zwei parallel geschalteten Filtern reduziert. Die Durchsätze in zwei separaten Zuluftstrecken, wovon eine beheizt werden kann, und einer Abluftstrecke können über Motorstellventile reguliert und durch normgerechte Blenden-Messstrecken, auf die in Kapitel 4.1.1 detailliert eingegangen wird, bestimmt werden.

Maschinennahe Rotor-Drehfrequenzen bis zu 10000 min^{-1}, die Rotations-Reynolds-Zahlen von etwa $Re_\phi = 10^7$ entsprechen, werden durch einen drehzahlgeregelten Gleichstrommotor mit 220 kW und einem Getriebe mit einer Übersetzung von 21,5:1 ins Schnelle realisiert. Das Gewicht des Rotors und die hohen Drehfrequenzen stellen hohe Anforderungen an Lager und Betriebssicherheit. Die verwendeten Kugellager, die auch in Triebwerken zum Einsatz kommen, benötigen eine Schmierung mit synthetischem Öl. Die Ölversorgung ist über einen Wärmeübertrager mit einem Kühlkreislauf verbunden. Ein Sperrluftsystem verhindert den Austritt des Öls am Lager und ein Raumentlüftungssystem saugt sich eventuell bildenden Ölnebel ab. Des Weiteren werden die Schwingungen an beiden Lagern gemessen und von je einem Gerät vom Typ Schenck Vibrocontrol 1100 ausgewertet. Oberhalb eines zulässigen Grenzwertes wird der Antrieb automatisch abgeschaltet.

3.1.3 Datenerfassungssystem und Instrumentierung

Das Datenerfassungssystem gliedert sich in zwei getrennte Messsysteme, das nicht rotierende Messsystem und das Telemetriesystem, die erst im Messrechner von der in der Arbeitsgruppe selbstentwickelten Software RODAQ zusammengeführt werden. Am Ende der Messwertaufnahme sind die Daten in drei getrennten Textdateien für Konfiguration, Rohdaten und Messwerte gesichert. Eine weitere Software ROVIEW erlaubt über separate Rechner die Onlineanzeige aller Messwerte als Einzelwert oder zeitlichen Verlauf.

Das nicht rotierende Messsystem besteht aus zwei Switch-Multimeter-Kombinationen vom Typ Keithley 7001/2010 mit je 40 Kanälen, die die Datenerfassung aller Messstellen außerhalb des Rotors übernehmen. Die Kommunikation mit dem Messrechner und RODAQ erfolgt über die RS232-Schnittstelle. Ein vollständiger Datensatz liegt alle 20 Sekunden vor.

Die Anforderung nach thermisch stationären und instationären Messungen von Temperaturen und Drücken mit hohen Genauigkeiten im Rotierenden bedingt ein flexibles Telemetriesystem. Nachdem in früheren Projekten, siehe Kapitel 3.1.1, immer wieder Probleme mit der kommerziellen Telemetrie auftraten, wurde ein in der Arbeitsgruppe entwickeltes, modulares System getestet und erfolgreich eingesetzt. Dieses umfasst zwei fast baugleiche Einheiten, an- und abtriebsseitige Telemetrie, die jeweils aus rotierendem Telemetrieteil und stationärem Empfänger bestehen. Die Stromversorgung und Datenübertragung erfolgt induktiv, wobei die Messwerte digital mit Prüfsumme gesendet werden. Im drehenden Telemetriekörper sind piezoresistive Drucksensoren, der Prozessor, die Stromversorgung und mehrere Thermomodule, die mit Thermoelementen verbunden sind, untergebracht. Die Module sind zugänglich und durch Steckverbinder austauschbar. Die Kalibrierung der Drucksensoren wird in Kapitel 4.1.2 behandelt. Ein vollständiger Datensatz liegt aller 0,7 Sekunden vor. Mit dieser Tastzeit sind Messungen thermisch instationärer Bedingungen möglich. Bei thermisch stationären Messungen wird ein Telemetrie-Datensatz aller 20 Sekunden in den Datensatz des nicht rotierenden Messsystems eingefügt.

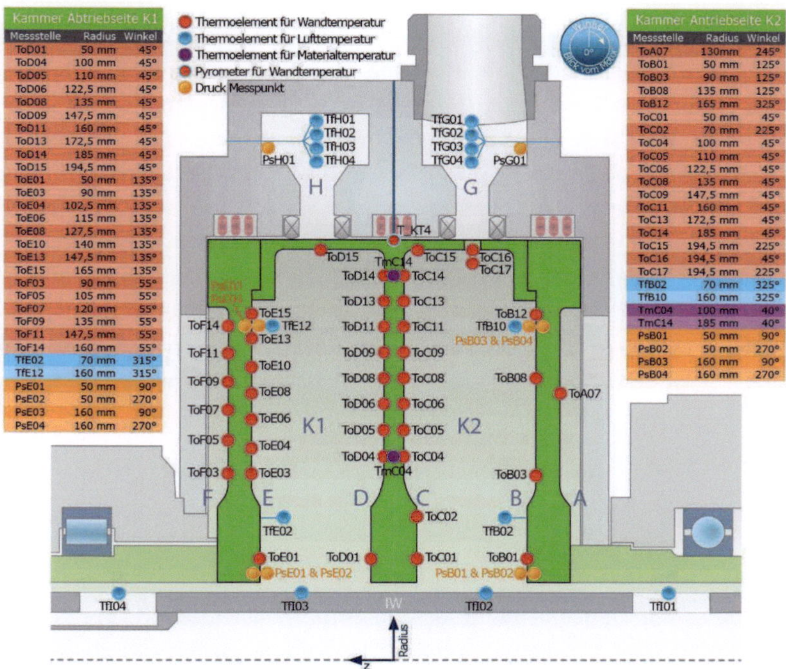

Abbildung 3.3 Detaillierte Darstellung der Instrumentierung am Rotor, der Innenwelle und des Ringkammergehäuses, Bezeichnungen der Messebenen und Kammern, tabellarische Übersicht der Lage, Art und Bezeichnung der Messstellen

Die Abbildung 3.3 zeigt eine Darstellung der Instrumentierung am Rotor, der Innenwelle und des Ringkammergehäuses. Die Bezeichnungen der Messebenen A bis H, der Kammern K1 und K2 und eine tabellarische Übersicht der Lage, Art und Bezeichnung der Messstellen sind ebenfalls in Abbildung 3.3 dargestellt.

Die Instrumentierung ergibt sich aus der Aufgabenstellung, die in Kapitel 2.8 formuliert wurde. Da optische Messmethoden mit Partikeln, wie z.B. LDA oder Visualisierung, für sehr hohe Zentrifugalkräfte nicht oder nur eingeschränkt anwendbar sind, siehe [Kaiser 2001], erfolgt die Interpretation hinsichtlich der Strömung in den Kammern nur durch Lufttemperaturen und statische Drücke, deren Messung auf zwei Radien passiert. Des Weiteren hat die Messmethode für den Wärmeübergang, die später in Kapitel 4.3.1 diskutiert wird, zur Folge, dass besonders an der Mittelscheibe eine Messung der Oberflächentemperatur mit hoher Messstellendichte auf beiden Seiten erfolgt. Zwei zusätzliche Materialtemperaturen bilden die obere und untere Randbedingung. Weitere thermische Randbedingungen ergeben sich durch Messung der Oberflächentemperaturen an den seitlichen Scheiben und am Rotormantel, dort auch von außen durch ein stark fokussierendes Pyrometer (Heimann KT4). Die Bedingungen in den Ringkammern werden durch jeweils vier am Umfang verteilte Lufttemperaturen und einer statischen Druckmessung pro Ringkammer ermittelt. Darüber hinaus sind entlang der Innenwelle vier Lufttemperaturen verteilt, die eine Bestimmung der axialen Ein- und Austrittstemperaturen beider Kammern erlauben. Die abtriebsseitige Telemetrie erfasst die Messebenen E und F und die antriebsseitige die Messebenen A bis D, siehe Abbildung 3.3. Details der ausgeführten Messstellen werden in den Kapitel 4.1 und 4.2 diskutiert. Zunächst wird das Versuchsprogramm präsentiert und die Versuchsdurchführung erläutert.

3.2 Versuche mit axialer und gemischter Strömung

3.2.1 Versuchsprogramm

Die Abbildung 3.4 zeigt die untersuchten Strömungsvarianten, der rein axialen Durchströmung (Fall 1) und der gemischten Strömung, d.h. überlagerte radiale Einströmung durch 13 radiale Bohrungen (Ø 5mm) in Kammer K2 mit variierter axialer Strömungsrichtung (Fall 2 und Fall 3).

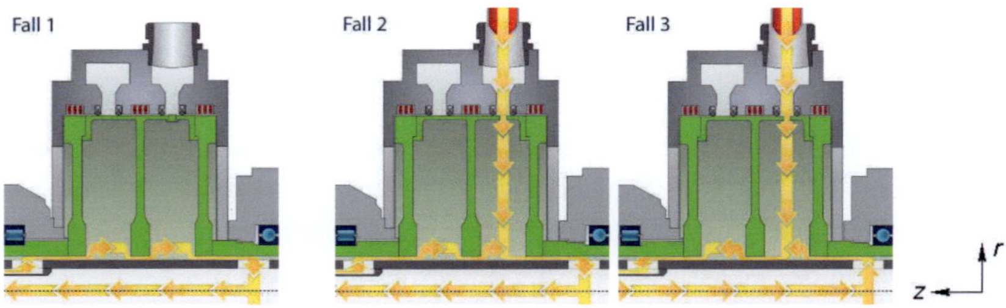

Abbildung 3.4 Untersuchte Strömungsvarianten: axiale Durchströmung (Fall 1) und gemischte Strömung (Fälle 2 und 3)

Alle Strömungsvarianten wurden bei thermisch stationären Bedingungen gemessen, um statistisch gesicherte Ergebnisse mit dem Messverfahren, auf das in Kapitel 4.3 eingegangen wird, zu erhalten und da zeitlich gemittelte Werte für die Auslegung der Scheiben interessieren. Bei axialer Durchströmung wurden zur Untersuchung des Einflusses eines radialen Temperaturgradienten bzw. der auftriebsinduzierten Strömung, Versuche mit normaler Temperatursituation (Fall 1), d.h. ein beheizter Mantel und kalte axial einströmende Luft, und mit inverser Temperatursituation (Fall 1a), d.h. gekühlter Mantel und warme axial einströmende Luft, durchgeführt. Des Weiteren wurde der instationäre Übergang zwischen normaler und inverser Temperatursituationen (Fall 1b) erfasst, um Informationen über das Aufwärm- und Abkühlverhalten der Scheibe zu gewinnen. Bei gemischter Strömung interessiert der Einfluss der Lage des Mischgebietes zwischen axialer und radialer Strömung, stromab der Scheibe (Fall 2) und stromauf der Scheibe (Fall 3). Eine Übersicht der gemessenen Konfigurationen und Parameter gibt Tabelle 3.2.

Tabelle 3.2 Übersicht der gemessenen Konfigurationen und Parameter

	Fall 1	Fall 1a	Fall 1b	Fall 2	Fall 3
Strömung	axial (in $-z$)	axial (in $-z$)	axial (in $-z$)	gemischt (axial in $-z$)	gemischt (axial in $+z$)
Bedingungen	stationär	stationär	instationär	stationär	stationär
Temperatursituation	normal	invers	normal invers	normal	normal
Drehfrequenzen [min^{-1}]	100-10000	3000/6000	6000	100-8500	100-8500
Durchsätze [kg/s] axial radial	0,05-0,27 -	0,01/0,05 -	0,05 -	0,05-0,20 0,02-0,10	0,05-0,20 0,02-0,10
Eintritts-temp. [°C] axial radial	26-37 -	93-105 -	35-102 -	27-42 79-107	27-38 78-109
Eintritts-druck [bar] axial radial	1,1-5,0 -	1,0-1,3 -	1,3 -	1,2-3,3 1,3-4,8	1,2-3,4 1,3-4,8
Re_ϕ	$2{,}7x10^4$ bis $1{,}1x10^7$	$5{,}3x10^5$ bis $1{,}3x10^6$	$1{,}3x10^6$ bis $1{,}8x10^6$	$2{,}9x10^4$ bis $5{,}8x10^6$	$3{,}0x10^4$ bis $5{,}8x10^6$
Re_z	$2{,}1x10^4$ bis $1{,}2x10^5$	$3{,}9x10^3$ bis $1{,}9x10^4$	$1{,}7x10^4$ bis $2{,}1x10^4$	$2{,}2x10^4$ bis $9{,}4x10^4$	$2{,}2x10^4$ bis $9{,}3x10^4$
Ro_z	0,2 bis 136	0,3 bis 2,2	0,9 bis 1,1	0,5 bis 125	0,5 bis 120
C_w	-	-	-	$-4{,}4x10^3$ bis $-2{,}4x10^4$	$-4{,}5x10^3$ bis $-2{,}4x10^4$
Gr_r	$1{,}2x10^8$ bis $2{,}5x10^{13}$	$4{,}2x10^{10}$ bis $2{,}2x10^{11}$ (ΔT negativ)	$2{,}1x10^{11}$ (ΔT negativ) bis $6{,}8x10^{11}$	$1{,}0x10^8$ bis $8{,}0x10^{12}$	$3{,}6x10^7$ bis $7{,}5x10^{12}$

3.2.2 Versuchsdurchführung

Bei thermisch stationären Messungen beträgt bedingt durch das Wärmeübergangsmessverfahren, das in Kapitel 4.3 vorgestellt wird, die Messzeit für einen Messpunkt mindestens 100 Datensätze, das etwa 33 Minuten entspricht. Die thermisch stationäre Bedingung ist erfüllt, wenn die Temperaturänderung aller gemessenen Oberflächentemperaturen an der Mittelscheibe über diese Messzeit kleiner als 1 K ist. Nach jeder längeren Testpause, z.B. Wochenenden, wurde zu Beginn der Messung ein Temperatur-Offset, detailliert in Kapitel 4.3.2 beschrieben, als Messpunkt ohne Durchströmung und Rotation gemessen. Alle Versuche sind bei konstant geregelter Drehfrequenz ($\Delta n/n = \pm 0{,}1\%$) durchgeführt. Die Eintrittstemperatur der unbeheizten Luft schwankte witterungsabhängig zwischen 26°C und 38°C.

Im Fall 1 wurden zwei Fahrregime untersucht: Drosseln am Eintritt und Drosseln am Austritt. Daraus lassen sich Hinweise auf den Einfluss des Kammerdruckes und der Ähnlichkeit bei Änderungen von Re_ϕ mittels druckbedingter Viskositätsänderung gewinnen. Die Leistungen der drei Strahlungsheizungen wurden so eingestellt, dass eine möglichst gleichmäßige Oberflächentemperatur von 100°C ± 10 K am Mantel während des Messpunktes vorherrschte. Zur Gewährleistung der Mindestdruckdifferenz über den Bürstendichtungen wurden beide Ringkammern mit Sperrluft versehen. Im Fall 1a blieben die Strahlungsheizungen aus und die Ringkammern wurden mit Kühlluft beschickt. Ein hoher Druck in den Ringkammern erzeugte besonders bei hohen Drehfrequenzen Reibwärme, die eine Kühlung des Mantels limitierte. Der elektrische Vorwärmer regelte die innen axial einströmende Luft auf etwa 100°C, Abweichungen siehe Tabelle 3.2. Im Fall 1b konnte schlagartig von der warmen Zuluftstrecke auf die kalte oder umgekehrt umgestellt werden. Dennoch war die thermische Trägheit des Leitungssystems höher als die des Rotormantels beim An- oder Abschalten der Strahlungsheizungen. Bei den Messungen gemischter Strömung (Fälle 2 und 3) wurde die Luft für den radialen Eintritt mit dem elektrischen Vorwärmer so geregelt, dass zusammen mit den Strahlungsheizungen wieder eine möglichst gleichmäßige Manteltemperatur von 100°C ± 10 K erreicht wurde. Bei hohen Drehzahlen verringerte sich dabei aufgrund der zusätzlichen Reibwärme die radiale Lufteintrittstemperatur auf etwa 80°C.

Nachdem der Versuchsstand und das Versuchsprogramm vorgestellt sind, werden im folgenden Kapitel die noch fehlenden Informationen über Messverfahren, Messtechnik und Auswertemethoden ergänzt.

4 Messverfahren und Auswertemethoden

4.1 Strömungsgrößen

4.1.1 Massenstrom

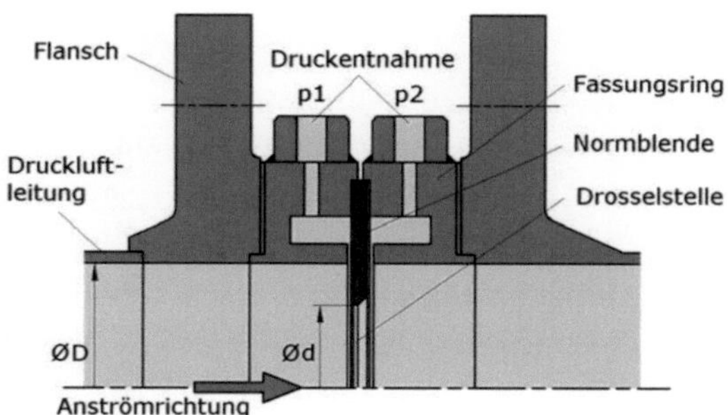

Abbildung 4.1 Schematische Darstellung des Differenzdruck-Durchflussmessers mit Normblende und einer Eck-Druckentnahme mit Fassungsring nach DIN EN ISO 5167-2

Die Bestimmung der Massenströme erfolgt mit Blendenmessstrecken gemäß der Norm (DIN EN ISO 5167) und im zulässigen Bereich der Reynolds-Zahl. In Abbildung 4.1 ist der verwendete Differenzdruck-Durchflussmesser mit Normblende und einer Eck-Druckentnahme mit Fassungsring dargestellt. Das Messprinzip beruht auf einer vom Durchfluss abhängigen Drosselung durch die Blende im Strömungsquerschnitt. Aus der gemessenen Druckdifferenz $p1$-$p2$ (Differenzdrucksensor MPX5050DP; Messbereich 0,5 bar; $\Delta p = \pm 25$ Pa) und der Dichte des Fluids wird der Massenstrom berechnet. Die Dichte der Luft wird mit Hilfe der stromauf gemessenen Temperatur (Mantelthermoelement; Typ K; $\Delta T = \pm 1{,}5$ K) und dem Vordruck $p1$ (Differenzdrucksensor MPX5500DP; Messbereich 5 bar; $\Delta p = \pm 100$ Pa) bestimmt. Die verkürzte Einlauflänge erfordert einen Strömungsgleichrichter, um die Normbedingungen einzuhalten, der als Zanker-Lochplatte stromauf verbaut ist. Die iterative Berechung der Massenströme übernimmt das Datenerfassungsprogramm RODAQ. Zur Anpassung des Messbereichs und damit der Messunsicherheit können Blenden mit verschiedenen Drosselöffnungen (d = 15 mm bis 37 mm) eingesetzt werden.

Die Leckage der Bürstendichtung hat auf die zu messenden Massenströme keinen Einfluss. Die Leckage der Radial-Wellendichtringe zwischen Rotor und Innenwelle, die in Abbildung 3.2 als Nr. 7 gekennzeichnet sind, beeinflusst die Messung der Massenströme und wurde deshalb experimentell bestimmt. Die Undichtigkeit steigt mit der Drehfrequenz aufgrund der Fliehkraftbelastung und fällt bei steigendem Druck, da sich die Dichtlippen besser anlegen. Für axiale Eintrittsdrücke $p_{i,ax} > 2$ bar kann die Undichtigkeit vernachlässigt werden. Darunter für $p_{i,ax} \leq 2$ bar beträgt die gemessene Leckage maximal 10% des axialen Massenstroms.

Bei Messungen mit axialer Durchströmung wird der Massenstrom am Austritt bestimmt, d.h. der Messwert ist von der Leckage unbeeinflusst. Die maximale Unsicherheit der Messung beträgt nach Norm ±1,2% vom Messwert. Für Versuche mit gemischter Strömung beeinflusst die Leckage beide Massenströme. Der axial eintretende Massenstrom wird am Eintritt gemessen und der radial einströmende ergibt sich aus der Differenz von Austritt und Eintritt. Die maximalen Unsicherheiten der Messungen unter Berücksichtigung von 2% Leckage betragen ±3% vom Messwert für den axialen und ±6% vom Messwert für den radialen Massenstrom. Eine genaue Korrektur der Leckage wurde nicht durchgeführt, da aufgrund eines Schadens die Wellendichtringe getauscht wurden. Eine erneute Kalibrierung war nicht möglich, da die radialen Öffnungen im Rotor nach der Montage nicht mehr geschlossen werden konnten, ohne die Instrumentierung zu zerstören. Es ist aber davon auszugehen, dass die Leckage neuer Dichtungen geringer als bei gebrauchten ist. Daher wird die Leckage mit 2% des axialen Massenstroms angenommen.

4.1.2 Statischer Druck

Der statische Druck p_s beinhaltet im allgemeinen einen Druckanteil p und einen Höhenanteil $\rho g h$, vgl. Gleichung 4.1, der für Luftströmungen meist vernachlässigt werden kann. Bei rotierenden Strömungen kommt ein Fliehkraftterm hinzu, der bei hohen Drehfrequenzen signifikant werden kann. Der statische Druck bildet zusammen mit dem dynamischen Druck gemäß Gleichung 4.2 den Gesamtdruck.

$$p_s = p + \rho g h \quad (4.1) \qquad\qquad p_{ges} = p_s + p_{dyn} \quad (4.2)$$

Bei Umströmung eines Körpers oder in Durchströmungen kann der statische Druck direkt an der Wand gemessen werden, da die Grenzschicht, wie in Kapitel 2.1.6 bereits erwähnt, diesen nicht beeinflusst. Die Messstelle des statischen Drucks ist meist als einfache Wandanbohrung (hier: Ø 1,2 mm) ausgeführt, die für genaue Messungen exakt senkrecht zur Strömung, scharfkantig und gratfrei sein muss, um einen dynamischen Druckanteil zu vermeiden. Auf schnell rotierenden Scheiben sind solche Wandanbohrungen aus Festigkeitsgründen nicht zulässig. Am Zwei-Kammer-Modellrotor kommen deshalb, z.B. für die Messstelle PsE01 in Abbildung 3.3, aufgeklebte Druckröhrchen (Kupfer, Außen-Ø 0,8 mm, Innen-Ø 0,5 mm) zum Einsatz. Die radial verlegten Röhrchen sind an der Messstelle tangential geschlitzt und am Ende verschlossen. Die Schlitzbreite beträgt 1 mm und ist bis zur Hälfte des Röhrchenumfangs ausgeführt. Die rechte Seite der Abbildung 4.2 zeigt skizzenhaft die zwei verschiedenen Ausführungen, Wandanbohrung und Druckröhrchen, zur Messung des statischen Drucks.

Abbildung 4.2 Prinzipieller Aufbau eines piezoresistiven Differenzdrucksensors (links), Skizzen der Messstellen: Wandanbohrung im Stehenden (rechts, linker Teil) und geschlitztes Druckröhrchen im Rotierenden (rechts, rechter Teil)

Die Messabweichung Δp_s gemäß Gleichung 4.3 zwischen Druckröhrchen (DR) und Wandanbohrung (WA) wurde an einer längs angeströmten Platte im Freistrahl mit Luft untersucht. Die Anordnung bei Anströmwinkel 0° entspricht der Darstellung in Abbildung 4.2, wobei der Freistrahl aus der Bildebene heraus in Richtung Betrachter strömt. Es wurden Versuche mit Strömungsgeschwindigkeiten bis zu U_∞ = 55 m/s und Anströmwinkeln von +45° (stromab gedreht) bis -45° (stromauf gedreht) durchgeführt.

$$\Delta p_s = \frac{p_{s,DR} - p_{s,WA}}{p_{s,WA}} \tag{4.3}$$

Die dabei gemessene Abweichung ist für alle untersuchten Bedingungen negativ, steigt mit der Anströmgeschwindigkeit und ist für den Anströmwinkel 0° am größten. Da die maximale Abweichung aber nur Δp_s = -1,1% beträgt, sowie die Druckabhängigkeit und die Anströmbedingungen im Rotorversuch unbekannt sind, wird keine Korrektur der Messwerte vorgenommen.

Die Messwertwandlung findet am Zwei-Kammer-Modellrotor ausschließlich mit piezoresistiven Drucksensoren statt, die über Kupferröhrchen oder über Silikonschläuche (Länge etwa 3 m, Innen-Ø 1,5 mm) mit den Messstellen verbunden sind. Wegen dieser langen Druckleitungen sind keine instationären Druckmessungen möglich. Die Dichtigkeit wurde vor den Messungen geprüft. Der prinzipielle Aufbau eines solchen Sensors ist auf der linken Seite der Abbildung 4.2, beispielhaft für die Ausführung als Differenzdrucksensor, dargestellt. Am Versuchsstand werden auch Absolutdruckaufnehmer, z.B. für die telemetrisch gemessenen Drücke, verwendet, bei denen die Unterseite verschlossen ist und der Druck $p2$ Vakuum entspricht. Das Messprinzip beruht auf dem piezoresistiven Effekt, der bei elastischer Verformung eines Materials (hier: Silizium) eine Änderung des elektrischen Widerstands hervorruft, proportional zum angelegten Druck.

Vor den Messungen wurden die Druckmessketten des nicht rotierenden Messsystems mit einem Druckkalibrator vom Typ DPI 515 (Messbereiche 0,7 bar und 7 bar, $\Delta p/p$ = ±0,01% vom Messbereich) kalibriert. Die Kalibrierfunktionen sind Polynome dritter Ordnung, die in die Datenerfassungssoftware RODAQ implementiert wurden. Die Streuung der Kalibrierdaten und die Unsicherheit des Kalibrators ergeben die Unsicherheit der Messkette. Die maximalen Unsicherheiten der Differenzdrucksensoren mit einem Messbereich von 0,5 bar (MPX5050DP; Blenden-Wirkdrücke) betragen Δp = ±25 Pa und die der Differenzdrucksensoren mit 5 bar Messbereich (MPX5500DP; Blenden-Vordrücke, Ringkammerdrücke, Ein- und Austrittskammerdrücke), deren Minusseiten gegen den Barometerdruck offen sind, Δp = ±200 Pa. Das Barometer (Druck RPT 301, Herstellerangabe Δp = ±70 Pa) zur Messung des Umgebungsdrucks befindet sich in der Messkabine und wird zu Beginn der Messung von RODAQ abgefragt. Die Kalibrierung der Absolutdruckaufnehmer im Telemetriesystem wurde im eingebauten Zustand auf einem gesonderten Telemetrie-Prüfstand für Drehfrequenzen bis zu 11600 min^{-1} mit dem Kalibrator vom Typ DPI 515 durchgeführt. Der Prüfstand, die Kalibriermethode und die Ergebnisse sind ausführlich in [Uffrecht 2008] beschrieben. Die Kalibrierfunktionen sind Polynome zweiter Ordnung mit einem zusätzlichen, drehfrequenzabhängigen Term erster Ordnung. Für die Messunsicherheiten ergeben sich 0,5% vom Messwert für Drücke größer 1 bar (relativer Druck) und unter 2% für geringere Drücke.

4.1.3 Lufttemperatur und Lufttemperaturfluktuation

Die Messung der Temperatur in Luftströmungen mittels Berührungsthermometern ist meist rückwirkungsfrei, d.h. der Sensor selbst verändert nicht die Temperatur der Strömung. Bei der Messung können Wärmeströme über die Messleitungen vom Sensor zur kälteren Anschlussstelle die gemessene Temperatur verringern. Dem entgegen wirkt bei hohen Strömungsgeschwindigkeiten ein adiabater Aufstau der Luft, der die gemessene Temperatur am Sensor, auch Eigentemperatur T_E genannt, erhöht. Vernachlässigt man die Ableit- und zusätzliche Strahlungsfehler, wie es hier für die Lufttemperaturen der Fall ist, kann die Temperatur T gemäß Gleichung 4.4 bestimmt werden. Die Gleichung 4.4 definiert die Totaltemperatur T_t, die ein perfekt isolierter Sensor in einer Strömung mit der Temperatur T und der Geschwindigkeit v annehmen würde. Dabei wird angenommen, dass die kinetische Energie der Strömung am Sensor vollständig in Wärme umgewandelt wird. Praktisch wird Gleichung 4.5 verwendet, in der zwei Unsicherheiten bestehen. Zum einen der Rückgewinnfaktor R_f, der nach [Bernhard 2004] für einen quer angeströmten Zylinder (z.B. Thermoelement quer zur Strömung) etwa $R_f = 0{,}6$ ist und zum anderen die Strömungsgeschwindigkeit, die hier nur abgeschätzt werden kann. Bei einer Geschwindigkeit von $v = 100$ m/s beträgt die Abweichung etwa 3 K. Eine Korrektur der Messwerte nach Gleichung 4.5 wird aufgrund der Unsicherheiten nicht durchgeführt.

$$T_t = T + \frac{v^2}{2\,c_p} \quad (4.4) \qquad\qquad T = T_E - \frac{R_f\,v^2}{2\,c_p} \quad (4.5)$$

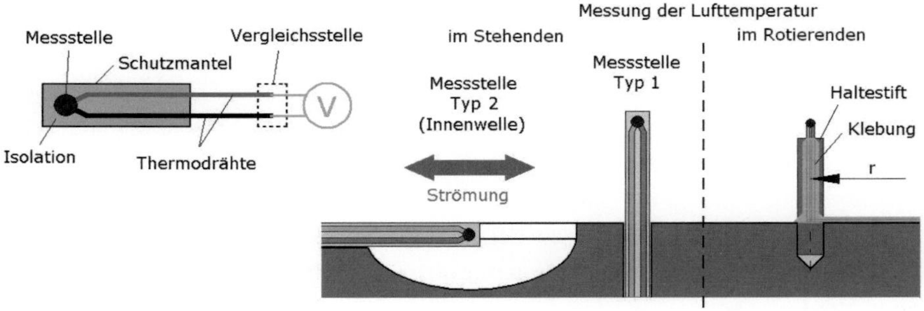

Abbildung 4.3 Prinzipieller Aufbau eines Thermoelements (links), Skizzen der Messstellen: Mantel-Thermoelemente im Stehenden (rechts, linker Teil) und Thermoelement mit Haltestift im Rotierenden (rechts, rechter Teil), nicht maßstabsgetreu

Der prinzipielle Aufbau eines Mantel-Thermoelements (MTE) ist im linken Teil der Abbildung 4.3 dargestellt. Zwei Thermodrähte aus unterschiedlichem Metall, genormte Materialpaarungen (DIN EN 60584, z.B. Typ K: NiCr-Ni), sind mit einer Vergleichsstelle verbunden. Das Messprinzip beruht auf dem Seebeck-Effekt, der bei unterschiedlichen Temperaturen der Kontaktstellen des Thermopaares eine elektrische Thermospannung hervorruft. Ist die Temperatur an einer Vergleichsstelle bekannt, kann die Temperatur der Messstelle mit einer Kalibrierfunktion aus der Thermospannung bestimmt werden. Die Kontaktperle, die den Messpunkt definiert, ist beim hier dargestellten MTE durch eine Isolation galvanisch vom Edelstahlmantel getrennt.

Am Zwei-Kammer-Modellrotor werden im nicht rotierenden Messsystem ausschließlich isolierte Mantel-Thermoelemente Typ K, Klasse 1 ($\Delta T = \pm 1{,}5$ K), mit den Durchmessern 0,5 mm (Innenwelle) bzw. 1,5 mm (z.B. Ringkammern, axiale Ein- und Austrittskammern) und mit angeschlossenen Thermoleitungen eingesetzt. Die Vergleichsstelle befindet sich im Multimeter (Keithley 2010), an das die Thermodrähte angeschlossen sind. Die Ausführungen der Messstellen im Stehenden zeigt der mittlere Teil der Abbildung 4.3, wobei der Typ 2 nur an zwei Messstellen auf der Innenwelle (TfI02 und TfI03 in Abbildung 3.3) vorhanden ist. Dabei liegen die MTE mittig, oberhalb einer halbellipsoiden Vertiefung (Ø 9 mm, Tiefe 3 mm) und werden längs angeströmt. Alle anderen Messstellen entsprechen dem Typ 1 in Abbildung 4.3, bei dem das MTE zentral in der senkrecht dazu verlaufenden Strömung liegt.

Im rechten Teil der Abbildung 4.3 ist eine Lufttemperaturmessstelle des Telemetriesystems dargestellt, wie sie z.B. bei TfB02 in Abbildung 3.3 ausgeführt ist. Eine geschweißte Messperle verbindet zwei Thermodrähte Typ K mit 0,1 mm Durchmesser und ragt etwa 1 mm von der Spitze eines Haltestiftes (Länge 10 mm, Ø 1 mm) senkrecht in die Strömung. Die mit Glasseide ummantelten Thermodrähte sind entlang des Haltestiftes und auf der Scheibe durch eine Klebung fixiert. Dieser Kleber limitiert die maximale Temperatur auf 120°C. Die Thermodrähte enden im Messverstärker des Thermomoduls, welches eine interne Vergleichsstelle besitzt. Bevor die Messwerte an den Messrechner und RODAQ übertragen werden, nimmt die Telemetrie eine Mittelung von fünf Werten für einen Messwert vor.

Sechs auf diese Weise gefertigte Thermoelemente (ohne Haltestift) wurden von [Kaiser 2001] in einem Temperatur-Kalibrator (WIKA 9105, $\Delta T = \pm 0{,}1$ K) im Bereich 0° bis 140°C vermessen. Die Abweichungen zum Sollwert des Kalibrators betrugen ±0,5 K. Zusammen mit der Unsicherheit des Kalibrators ergab sich daraus die Messunsicherheit der absoluten Temperatur zu $\Delta T = \pm 0{,}6$ K. Unsicherheiten der im Versuchsstand verwendeten Messkette, vor allem der Telemetrie, sind in diesem Wert nicht enthalten.

Eine wichtige Größe ist die mittlere Schwankung $\overline{T'^2}$ der gemessenen Lufttemperaturen T_j in der Kammer. Zur Interpretation der Ergebnisse in der Auswertung wird der Parameter der Temperaturfluktuation T_f als Standardabweichung σ_N bezogen auf die mittlere Temperatur $\overline{T}$, ähnlich dem Turbulenzgrad der Strömung, gemäß Gleichung 4.6 definiert.

$$T_f = \frac{\sqrt{\overline{T'^2}}}{\overline{T}} = \frac{\sigma_N(T)}{\overline{T}} = \sqrt{N \sum_j^N T_j^2 \Big/ \left(\sum_j^N T_j \right)^2 - 1} \qquad (4.6)$$

Nach den Messverfahren und Auswertemethoden zur Bestimmung der Strömungsgrößen stehen im folgenden Kapitel die Materialgrößen Oberflächentemperatur und Materialtemperatur und ihre experimentelle Erfassung im Fokus.

4.2 Materialgrößen

4.2.1 Oberflächentemperatur

Die Messung der Oberflächentemperatur eines Körpers erfolgt an einer Unstetigkeit im Temperaturverlauf normal zur Oberfläche und ist infolgedessen schwieriger zu messen als beispielsweise die Materialtemperatur, auf die in Kapitel 4.2.2 eingegangen wird. Berührungsfreie Messverfahren, wie z.B. Pyrometer oder Thermographie, messen die von der Körperoberfläche emittierte Wärmestrahlung, woraus sich die Oberflächentemperatur über die Strahlungsgesetze mit Annahmen der Emissions- und Transmissionsgrade ermitteln lässt. Dafür benötigen diese Verfahren, ebenso wie Thermofarben oder Flüssigkristalle einen optischen Zugang, der für die schnell rotierenden Scheiben nur an den Außenseiten möglich ist. Optische Gläser (z.B. ZnSe) sind zudem sehr teuer und nicht fliehkraftfest. Eine indirekte Bestimmung durch fluidseitige Temperaturprofilmessung oder mittels Extrapolation aus einer Vielzahl an Materialtemperaturen scheidet ebenso aus. Sensoren, die direkt auf die Oberfläche aufgebracht werden, sind meist nicht rückwirkungsfrei. Nach [Bernhard 2004, S.101] ist, um dem entgegen zu wirken, ein kleiner, flacher Sensor mit optimaler thermischer Ankopplung anzustreben. Die Beeinflussung des Temperaturfeldes kann weiterhin durch eine Anpassung der Wärmeleitfähigkeit des Sensors an das Messobjekt reduziert werden. Die elektrischen Zuleitungen sind möglichst dünn, thermisch isoliert und auf Isothermen zu verlegen, um zusätzliche Wärmebrücken zu verhindern und den Ableitfehler klein zu halten. Eine Isolation des Sensors selbst wirkt sich hingegen nachteilig aus. Nach diesen Anforderungen können entweder dünne Thermoelemente, kleine metallische oder kleine Halbleiter-Widerstandssensoren (Thermistoren) verwendet werden.

Aus thermischen Gesichtspunkten sind nackt gepunktete, dünne Thermoelemente den indirekten Widerstandssensoren vorzuziehen [Kaiser 2001]. Aber die galvanische Verbindung der Messstelle mit den rotierenden Scheiben erhöht die elektrischen Ungenauigkeiten bei der Datenerfassung im Vergleich zu isolierten Messstellen. Dennoch wird diese Messtechnik gewählt, da für eine maschinennahe Untersuchung mit den Anforderungen aus Kapitel 2.8 eine ungestörte Oberflächentemperatur Voraussetzung für die Ermittlung der Wärmestromdichte ist. Das Messprinzip entspricht dem der Mantelthermoelemente aus Kapitel 4.1.3.

An den Scheiben des Zwei-Kammer-Modellrotors werden, wie für die Lufttemperaturen, Thermodrähte des Typ K mit einem Durchmesser von 0,1 mm verwendet. Das Thermoelement wird durch Verschweißen der beiden Drähte hergestellt. An der Messstelle wird durch Punktschweißen die Kontaktstelle der Thermodrähte auf die Scheibe appliziert. Dadurch ist ein optimaler thermischer Kontakt gewährleistet. Die Thermodrähte sind auf der Scheibe entgegen der Drehrichtung zunächst etwa 10 mm tangential auf einer zu erwartenden Isothermen geführt und anschließend radial nach außen verlegt, um die Fliehkraftbelastung zu verringern. Bis etwa 1 mm vor die Messstelle sind die Drähte verklebt, was zusätzlich zur Ummantelung aus Glasseide die thermische Isolation zur Strömung verbessert. Der immer vorhandene Ableitfehler wird durch diese Maßnahmen und die ähnlichen Wärmeleitfähigkeiten von Stahl und Nickel-Chrom deutlich reduziert. Die Thermodrähte enden, wie die der Lufttemperaturmessstellen, im Messverstärker der Telemetrie mit interner Vergleichsstelle. Ebenso wird in der Telemetrie eine Mittelung von fünf Werten für einen Messwert vorgenommen. Die Messunsicherheit der für die Bestimmung der Wärmestromdichten nicht maßgebenden, absoluten Temperatur beträgt, wie bei den Lufttemperaturen in Kapitel 4.1.3, $\Delta T = \pm 0{,}6$ K.

Des Weiteren kommt ein Präzisionspyrometer (Heimann, Typ KT4, Distanzverhältnis: 100:1, Messfleck: Ø 10 mm) zur Bestimmung der Oberflächentemperatur am rotierenden, äußeren Rotormantel direkt über der Mittelscheibe, siehe T_KT4 in Abbildung 3.3, zum Einsatz. In das Ringkammergehäuse wurde eigens dafür eine Bohrung eingebracht, durch die das Pyrometer aus etwa einem Meter Entfernung mit Hilfe einer internen Justierlampe auf den Messpunkt fokussiert wird. Vor austretendem Ölnebel ist die Spiegeloptik des Pyrometers mit einem Fenster aus Zinkselenid (ZnSe) geschützt, dessen spektraler Transmissionsgrad für den Pyrometer-Wellenlängenbereich geeignet ist. Das Pyrometer wurde mithilfe eines schwarzen Strahlers mit und ohne ZnSe-Fenster für einen Objektemissionsgrad $\varepsilon = 1$ kalibriert. Da sich ein Fehler im eingestellten Emissionsgrad bei hohen Werten weniger auf die Messung auswirkt als bei niedrigen, ist der Rotormantel geschwärzt und dessen Emissionsgrad mit $\varepsilon = 0{,}94 \pm 0{,}04$ abgeschätzt. Die maximale Messunsicherheit der absoluten Temperatur beträgt ±2,5 K. Die für die Bestimmung der Wärmestromdichte maßgebenden Messunsicherheiten der Thermoelemente und des Pyrometers werden in Kapitel 4.3.8 gesondert diskutiert.

4.2.2 Materialtemperatur

Die Materialtemperatur kennzeichnet eine Temperatur innerhalb eines Körpers, die hier als äußere und innere thermische Randbedingung für die Mittelscheibe, siehe Messstellen TmC04 und TmC14 in Abbildung 3.3, gemessen werden soll. Die verwendeten Thermoelemente sind vom Typ K wie die für Luft- bzw. Oberflächentemperatur, wobei die Kontaktstelle in einer 5 mm tiefen Bohrung (bis zur Scheibenmitte) verklebt ist. Durch den Kleber sind die Messstellen galvanisch getrennt, was zu einem anderen elektrischen Übertragungsverhalten der Messstellen im Vergleich zu den Oberflächentemperaturmessstellen mit Kontakt führt. Aufgrund dieses unterschiedlichen Messverhaltens werden die Materialtemperaturen für die Auswertung hinsichtlich des Wärmeübergangs nicht verwendet.

Nachdem die Messverfahren für Massenstrom, für statischen Druck und für die verschiedenen Temperaturen vorgestellt sind, wird im folgenden Kapitel das Messverfahren zur Bestimmung der lokalen Wärmestromdichten in der Mittelscheibe des Rotors vorgestellt.

4.3 Wärmeübergang

4.3.1 Auswahl des Messverfahrens

Einen Vergleich der messtechnischen Parameter der vorliegenden Arbeit mit veröffentlichten Untersuchungen bei axialer Durchströmung in rotierenden Kammern zeigt Tabelle 4.1, wobei die Bauart der Scheiben (Außendurchmesser b), die eingesetzten thermischen Sensoren und die Übertragungsart der Messdaten der maximal gemessenen Fliehkraftbeschleunigung $\Omega^2 b$ gegenübergestellt sind.

Tabelle 4.1 Vergleich messtechnischer Parameter mit der Literatur; experimentelle Parameter siehe Tabelle 2.4 auf Seite 39; TE = Thermoelemente, WSS = Wärmestromsensoren, NTC = Halbleiter-Widerstandssensoren, k.A. = keine Angabe

	b [mm]	n_{max} [1/min]	$\Omega^2 b$ [g]	Scheiben Bauart	Thermische Sensoren	Übertragung
vorliegende Arbeit	194.5	10000	21742	Stahl	TE	Telemetrie
[Farthing 1992a]	426	4000	7619	Stahl Glasfaser	WSS + TE	Schleifringe
[Burkhardt 1992]	k.A.	12000	k.A.	Stahl	TE	Telemetrie
[Kim 1994]	251	3400	3244	Aluminium Isolation Kupfer	TE	Schleifringe
[Long 1994a]	485	4000	8675	Stahl Isolation Glasfaser	WSS + TE	Schleifringe
[Bohn 2000]	400	4000	7154	Stahl Kunststoff	NTC	Schleifringe
[Owen 2004]	371	1500	933	Stahl Glasfaser Polycarbonat	WSS + TE	Schleifringe
[Long 2006]	220	10000	24593	Stahl	TE	Schleifringe
[Patounas 2009]	296	7200	17153	Stahl	TE	k.A.

Die Gegenüberstellung zeigt, dass bei relativ geringer Fliehkraftbeschleunigung $\Omega^2 b < 10000\ g$ [Farthing 1992a, Kim 1994, Long 1994a, Bohn 2000, Owen 2004] Verbundscheiben aus Stahl und Glasfaser/Kunststoff eingesetzt wurden und Wärmestromsensoren (WSS) zusätzlich zu Thermoelementen (TE) Verwendung fanden. Bei [Bohn 2000] wurden stattdessen Halbleiter-Widerstandstemperatursensoren mit negativem Temperaturkoeffizienten (NTC) benutzt, um die Temperaturdifferenz über der Kunststoffscheibe zu messen. Bei Untersuchungen mit hohen Drehfrequenzen [Burkhardt 1992, Long 2006, Patounas 2009] waren die Scheiben ausschließlich aus Stahl und die verwendeten Sensoren Thermoelemente. Die Übertragung der Messdaten wurde meist mittels Schleifringen realisiert, nur bei [Burkhardt 1992] übernahm eine berührungsfreie Telemetrie diese Aufgabe.

Eine detaillierte Übersicht und Klassifizierung der Verfahren zur Bestimmung des lokalen Wärmeübergangs gibt [Kaiser 1982]. Prinzipiell sind direkte Messverfahren, d.h. eine direkte Bestimmung des Wärmeübergangskoeffizienten, und indirekte Messverfahren, d.h. eine Berechnung des Wärmeübergangskoeffizienten aus ermittelter Wärmestromdichte und einer Temperaturdifferenz mit einer geeigneten Referenzstelle, vgl. Kapitel 2.1.7, zu unterscheiden.

Direkte Verfahren zur Bestimmung des Wärmeübergangs

Wärme-Stoffübergang-Analogie

Die Naphthalinsublimation, eines der Analogieverfahren, basiert auf Verminderung einer Naphthalinschicht durch einen Stoffübergang, dessen Koeffizient bekannt und analog zum Wärmeübergangskoeffizienten ist. Das Verfahren kann hier nicht verwendet werden, da zum einen die Fliehkraftbelastbarkeit der Schicht nicht gegeben ist und zum anderen das Verfahren einen optischen Zugang oder die Demontage der Scheiben zur Messung der Schichtdicke erfordert.

Anpassungsmethode

Bei der Anpassungsmethode müssen die Oberflächentemperaturen an den Scheiben gemessen und die wandnahen Lufttemperaturen entweder modelliert oder auch gemessen werden. Anschließend werden numerisch oder in einem Elektroanalogiemodell die Wärmeübergangskoeffizienten so variiert, dass die gemessenen und modellierten Temperaturen übereinstimmen. Dieses Verfahren scheidet aus, da eine gleichzeitige Messung der Luft- und Oberflächentemperaturen in rotierenden Kammern messtechnisch schwierig und die Modellierung, wie z.B. bei [Uffrecht 2009] beschrieben, nur für einfache Strömungen möglich ist.

Umkehrmethode

Bei der Umkehrmethode werden die Oberflächentemperaturen an den Scheiben bei einem Lufttemperatursprung instationär gemessen. Anschließend erfolgt die Berechnung des Wärmeübergangskoeffizienten aus einer inversen Lösung der instationären Wärmeleitungsgleichung. Der Lufttemperatursprung ist aufgrund der Wärmekapazitäten der Zuleitungen schwierig zu realisieren, kann aber in der Auswertung durch eine Reihenentwicklung des Temperaturverlaufs berücksichtigt werden. Die zeitaufgelöste Messung der Temperaturverteilung auf der Scheibe, mit z.B. Flüssigkristallen oder Thermografie erfordert einen optischen Zugang, der hier nicht möglich ist. Bei diskreten Messungen, z.B. mit Thermoelementen wären Modellannahmen zur räumlichen Temperaturverteilung notwendig.

Übertemperaturmethode

Die Übertemperaturmethode basiert auf der Messung der Übertemperatur, d.h. einer Temperaturdifferenz zwischen unbeheizter, adiabater Wandtemperatur und ausgeglichener, beheizter Temperatur, an einer mit bekannter Leistung permanent oder kurzzeitig beheizten Fläche. Große Heizflächen verändern den Temperatur- und Wärmestromverlauf im Bauteil stark und finden deshalb hier keine Anwendung. Miniatursensoren mit geringem, kurzzeitigem Wärmeeintrag, wie in [Uffrecht 2012b] beschrieben, können nahezu rückwirkungsfrei direkt den Wärmeübergangskoeffizienten bei Kenntnis des Ableitwiderstands bestimmen. Das Verfahren wäre geeignet, allerdings befindet es sich noch in der Erprobung und konnte daher nicht eingesetzt werden.

Gradientenverfahren

Das Gradientenverfahren verwendet eine direkte Profilmessung der fluidseitigen Temperaturgrenzschicht zur Bestimmung des Wärmeübergangskoeffizienten aus dem gemessenen Wandgradienten und der Temperaturdifferenz zwischen Wand und Außentemperatur. Das Verfahren ist aufgrund der dünnen Temperaturgrenzschicht an den rotierenden Scheiben und der schlechten Zugänglichkeit hier nicht praktikabel.

Indirekte Verfahren zur Bestimmung des Wärmeübergangs (Wärmestrom-Temperaturdifferenz-Methoden)

Wärmestromdichte aus Gradientenmessung

Das wandseitige Gradientenverfahren basiert auf der Messung des Materialtemperaturverlaufs in der Scheibe durch mehrere Sensoren. Die Oberflächentemperatur wird aus den gemessenen Temperaturen extrapoliert und aus dem wandnahen Temperaturgradienten wird die Wärmestromdichte bestimmt. Das Verfahren benötigt viele Sensoren in der rotierenden Scheibe, die durch Bohrungen eingebracht werden. Die begrenzte Messstellenanzahl der Telemetrie sowie die Kerbwirkungsgefahr der vielen Bohrungen verhindern einen Einsatz in dieser Arbeit.

Wärmestromdichte aus Ersatzquellen

Beim Ersatzquellen- oder Ersatzsenkenverfahren ist der Wärmestrom direkt durch die Leistung der Heizelemente auf der Oberfläche bestimmt, wobei die Oberflächentemperatur separat z.B. mit Thermoelementen gemessen wird. Das Verfahren, z.B. bei [Kim 1994] verwendet, verändert aber den Temperatur- und

Wärmestromverlauf im Bauteil stark bzw. legt ihn fest und findet daher hier keine Anwendung.

Wärmestromdichte aus Temperaturdifferenz über Hilfswand

Die Messung des Wärmestroms nach der Hilfswandmethode basiert auf einer Temperaturdifferenzmessung über eine schlecht wärmeleitenden Schicht bzw. der Messung mit einem Wärmestromsensor nach dem gleichen Prinzip bei zusätzlicher Messung der Oberflächentemperatur mit z.B. Thermoelementen. Bei diesem Verfahren ist die Fliehkraftbelastbarkeit der Kunststoffteile kritisch. Außerdem verringern die Sensoren den Wärmestrom im Bauteil, weshalb das Verfahren meist in Verbindung mit direkt beheizten Scheiben, die die Richtung des Wärmestroms festlegen, verwendet wird. Die Hilfswandmethode wurde für geringe Fliehkraftbelastungen bereits in [Farthing 1992a, Long 1994a, Bohn 2000 und Owen 2004] verwendet. Aufgrund der Anforderungen nach hohen Drehfrequenzen und der Beeinflussung der Wärmeströme durch die Sensoren wird diese häufig verwendete Messmethode hier nicht eingesetzt.

Wärmestromdichte aus Temperaturumrandung eines Modells

Dieses Verfahren basiert auf der Messung der Oberflächentemperaturen an der Berandung des Bauteils. Anschließend erfolgt eine Berechnung der inneren Temperaturen in einem für Scheiben meist zweidimensionalen, rotationssymmetrischen, numerischen Modell mit der instationären Wärmeleitungsgleichung, z.B. verwendet in [Farthing 1992a, Burkhardt 1992], oder der stationären Wärmeleitungsgleichung bei Messungen mit thermisch stationären Bedingungen, z.B. bei [Long 2006, Patounas 2009]. Die Wärmestromdichte ergibt sich aus dem berechneten Temperaturgradienten an der Wand. Das Verfahren erfordert Modellannahmen, z.B. die Interpolation der Temperaturberandung aus diskreten Messungen oder das Setzen von Randbedingungen für nicht gemessene Berandungen. Es erfüllt aber im Vergleich zu den bisher beschriebenen Messverfahren mit Hilfe der in Kapitel 4.2.1 beschriebenen aufgeschweißten Thermoelemente die Anforderungen nach sehr hoher Fliehkraftfestigkeit und geringer Veränderung der thermischen Eigenschaften der Scheiben durch die Sensoren. Des Weiteren ist es am Versuchsstand der TU Dresden bereits erprobt und wird daher hier verwendet.

Die Vielzahl der verfügbaren Messverfahren reduziert sich durch die gestellten Anforderungen auf wenige mögliche. Aufgrund der Erfahrungen aus der Literatur und der besten Übereinstimmung mit den Spezifikationen aus Kapitel 2.8 wird in dieser Arbeit das indirekte Wärmestrom-Temperaturdifferenz-Verfahren mit Bestimmung der Wärmestromdichte aus der Temperaturberandung eines rotationssymmetrischen, numerischen Modells verwendet. Die thermischen Randbedingungen des Modells bzw. die Oberflächentemperaturen werden durch nackt gepunktete, dünne Thermoelemente und einem Präzisionspyrometer gemäß Kapitel 4.2.1 gemessen. Die Erweiterung der Messung auf beide Seiten der Scheibe im Vergleich zu den oben angeführten Untersuchungen mit einseitiger Instrumentierung und adiabater Mittelebene stellt hohe Anforderungen an die Messgenauigkeit, da die Temperaturdifferenzen aufgrund der hohen Wärmeleitfähigkeit der Scheibe gering sind. Es hat aber den Vorteil, dass die Interaktion beider Seiten erfasst wird. Auf die Ermittlung der Wärmeübergangskoeffizienten bzw. Nusselt-Zahlen mit einer geeigneten Referenztemperatur wird in Kapitel 4.3.9 eingegangen. In den folgenden Abschnitten wird die Messwertverarbeitung vom lokalen, einzelnen Oberflächentemperaturmesswert über die Methode der Mittelung, die Offset-Korrektur, die Interpolation der Temperaturberandungen bis zur Lösung des numerischen Modells beschrieben.

4.3.2 Mittelung und Offsetkorrektur der Messwerte

Die bisher veröffentlichten Untersuchungen in rotierenden Kammern mit diesem Messverfahren z.B. [Long 2006, Patounas 2009] sowie theoretische Arbeiten dazu z.B. [Owen 1979, Cooke 2006/2009] haben gezeigt, dass aufgrund der Messfehler nur eine Mittelung über eine große Anzahl von Messwerten verlässliche Randbedingungen für das Modell liefert. Die thermisch stationären Bedingungen gemäß Kapitel 3.2.2 werden deshalb für einen Messpunkt mindestens 33 Minuten, das 100 Messwerten des nicht rotierenden Messsystems entspricht, aufrechterhalten. Aus der Messwertdatei wird anschließend mittels einer Suchroutine der Bereich des Messpunktes mit der geringsten Instationarität selektiert.

Die zeitliche Mittelung der ausgewählten 100 Messwerte erfolgt mit dem arithmetischen Mittelwert des Quantils von 10% bis 90%, um den Einfluss von Ausreißern zu eliminieren. Zur Auswertung einer Messung bei instationären Bedingungen werden 128 Messwerte des Telemetriesystems, entsprechend etwa 90 Sekunden, auf die gleiche Weise zeitlich gemittelt.

Die Bestimmung der Wärmestromdichte ist unabhängig von der absoluten Temperatur, da nur Änderungen zu einem Referenzzustand betrachtet werden, bei dem die Wärmeströme vernachlässigbar klein sind. In der Auswertung werden deshalb alle Rotortemperaturen auf diesen Referenzzustand bezogen bzw. mit dem Temperatur-Offset gemäß [Günther 2010] korrigiert. Unter dem

Begriff Rotortemperaturen werden gemäß Abbildung 3.3 alle Temperaturen der Scheiben, der Innenwelle und des Rotormantels einschließlich des Pyrometers zusammengefasst. Die Korrektur der Lufttemperaturen erfolgt im Sinne eines gemeinsamen Referenzzustandes, dabei ist der Einfluss des Offsets auf die Bestimmung der Stoffgrößen gering. Der Temperatur-Offset wird nach jeder längeren Testpause, mindestens 48 Stunden bzw. ein Wochenende, als erster Messpunkt ohne Durchströmung und Rotation gemessen. Dabei wird angenommen, dass nach der langen Ruhezeit an der Mittelscheibe eine homogene Temperaturverteilung herrscht und die Wärmeströme darin vernachlässigbar klein sind. Die gemessenen und zeitlich gemittelten Rotortemperaturen werden entlang einer Umrandungskontur aufgetragen und mit einem Polynom vierter Ordnung approximiert, um eventuell vorhandene Temperaturdifferenzen an den Außenscheiben zu berücksichtigen. Alle Messwerte der Mittelscheibe und der pyrometrische Messwert liegen auf einem Punkt der Kontur und erhalten den gleichen Referenzwert. Die Bestimmung der Wärmestromdichten ist somit unabhängig vom verwendeten Polynomgrad. Die nachfolgenden Messpunkte werden mit dem Wochen-Offset um die Abweichungen zum Polynom korrigiert.

Nachdem die zeitlich gemittelten, Offset-korrigierten und lokal gemessenen Oberflächentemperaturen an der Mittelscheibe vorliegen, wird im folgenden Kapitel auf das numerische Modell und die Randbedingungen zur Bestimmung der Wärmestromdichte eingegangen.

4.3.3 Numerisches Modell und Randbedingungen

Die linke Seite der Abbildung 4.4 zeigt den Bereich der Mittelscheibe der zur Bestimmung der Wärmestromdichten numerisch modelliert wird (dunkelgrün dargestellt) und die Lage der verwendeten Temperaturmessstellen. Der Nabenbereich ist aufgrund der Kerbwirkungsgefahr der aufgepunkteten Thermoelemente aus Festigkeitsgründen weniger dicht instrumentiert. Im äußeren, dünnen Profilbereich ist die Messstellendichte sehr hoch. Die radialen Abstände betragen 10 bis 12,5 mm, vgl. Angaben in Abbildung 3.3. Das Modell, in VBA für Microsoft Excel implementiert, beschreibt einen zweidimensionalen, rotationssymmetrischen Profilschnitt der Scheibe von der Nabenbohrung bis zum äußeren Rotormantel, d.h. über die Kammerhöhe hinaus. Der Rotormantel im Bereich der Kammern ist nicht Teil des Modells. Der Einfluss des Modellbereichs auf die Ergebnisse, sowie die Validierung des Rechenprogramms mit Comsol Multiphysics wird in Kapitel 4.3.7 diskutiert.

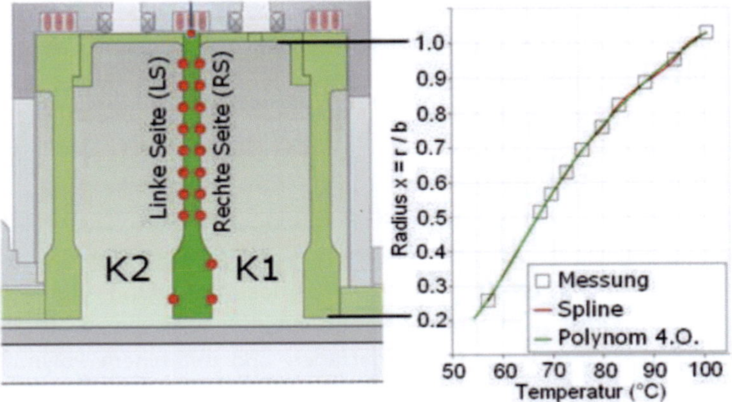

Abbildung 4.4 Modellbereich (dunkelgrün dargestellt) und verwendete Messstellen (links), Beispiel der lokal gemessenen und mittels Spline und Polynom 4. Ordnung approximierten Temperaturverteilung auf der linken Seite der Mittelscheibe (rechts)

Auf der rechten Seite der Abbildung 4.4 sind beispielhaft die lokal gemessenen, zeitlich gemittelten und Offset-korrigierten Temperaturen der linken Seite der Mittelscheibe als Symbole und der interpolierte Temperaturverlauf über dem Radius dargestellt. Die seitlichen Randbedingungen des Modells werden mit neun Thermoelementen auf der linken und zehn Thermoelementen auf der rechten Seite bestimmt. Hinzu kommt die pyrometrische Messstelle am äußeren Rotormantel bei $x = 1{,}03$, die für beide Seiten verwendet wird.

Zur Interpolation des Oberflächentemperaturverlaufs finden sich in der Literatur verschiedene Methoden, wie Polynome dritter Ordnung [Long 2006, Patounas 2009], Polynome fünfter Ordnung [Cooke 2006], Besselfunktionen [Burkhardt 1992], kubische Splines [Owen 1979, Cooke 2009] oder logarithmische Funktionen [Owen 1979]. In dieser Arbeit wird eine zweistufige Interpolation zur Bestimmung der seitlichen Temperaturrandbedingungen verwendet. Zuerst werden die lokalen Messwerte einer Seite mit einem kubischen Spline, der in der zweiten Ableitung stetig ist, verbunden. Dadurch ergeben sich zusätzliche Stützstellen für den zweiten Schritt, die Interpolation des Splines mit einem Polynom vierter Ordnung und die nicht äquidistant verteilten Messstellen werden gleichmäßig gewichtet. Das Polynom glättet den Temperaturverlauf und verringert die Anzahl der Wendepunkte, die bei einer Approximation mit Splines auftreten, vgl. das Diagramm in Abbildung 4.4 im oberen Bereich. Außerdem erlaubt das Polynom eine Extrapolation bis zur Nabenbohrung. Der Einfluss des

Polynomgrades wird später in Kapitel 4.3.7 diskutiert. Dieses Verfahren wird auf beiden Seiten angewandt und die Temperaturberandung des Modells durch lineare Interpolation am Rotormantel (äußere Randbedingung) und an der Nabe (innere Randbedingung) vervollständigt. Damit ist festgelegt, dass der Betrag der Wärmestromdichte dort auf beiden Seiten gleich und fehlerbehaftet ist.

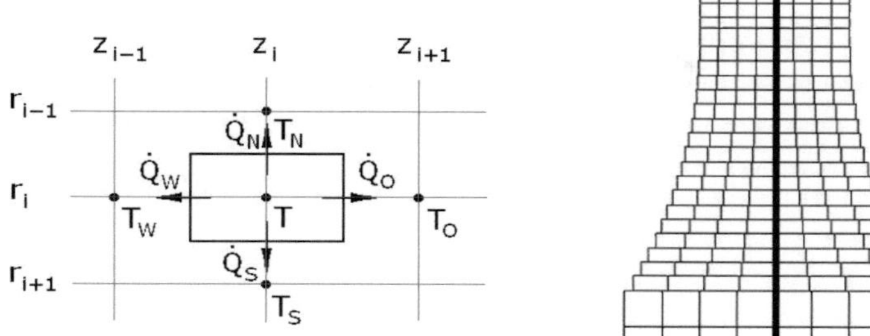

Abbildung 4.5 Rechteckiges Element und Konventionen für die Wärmebilanz (links) und Detail der Diskretisierung an der Dickenänderung der Scheibe, Lage der Mittelebene (M) dick dargestellt (rechts)

Das zweidimensionale, rotationssymmetrische Rechengebiet wird durch rechteckige Elemente mit variabler Höhe und Breite diskretisiert, wobei in radialer Richtung 85 Elemente und in axialer Richtung acht Elemente (n = 8) verteilt sind. Die Diskretisierung der Scheibe ist am Beispiel des Bereichs der Dickenänderung auf der rechten Seite der Abbildung 4.5 dargestellt. Die Temperaturen werden in der Mitte der axialen Grenzflächen zwischen zwei Elementen aus der Wärmestrombilanz der stationären Fourier-Wärmeleitungsgleichung ermittelt.

Die Bilanzgleichungen der Wärmeströme $\dot{Q}_k$ in den vier Raumrichtungen Nord (N), Süd (S), West (W) und Ost (O) für das auf der linken Seite der Abbildung 4.5 dargestellte Element entsprechen den Gleichungen 4.7 bis 4.12 mit den Wärmewiderständen R_k. Dabei entspricht das Symbol λ der Wärmeleitfähigkeit und $d(r_i)$ der Dicke der Scheibe am Radius r_i.

$$\sum \dot{Q}_k = 0 \text{ mit } k = N, S, W, O \tag{4.7}$$

$$\dot{Q}_k = \frac{1}{R_k}\left(T - T_k\right) \tag{4.8}$$

$$R_N = \frac{n-1}{2\pi\lambda\, d(r_i)} \ln\frac{r_{i-1}}{r_i} \tag{4.9}$$

$$R_S = \frac{n-1}{2\pi\lambda\, d(r_i)} \ln\frac{r_i}{r_{i+1}} \tag{4.10}$$

$$R_W = \frac{4\,d(r_i)}{\pi\,\lambda\,(n-1)\left[(r_{i-1}+r_i)^2-(r_i+r_{i+1})^2\right]} \tag{4.11}$$

$$R_O = \frac{4\,d(r_i)}{\pi\,\lambda\,(n-1)\left[(r_{i-1}+r_i)^2-(r_i+r_{i+1})^2\right]} \tag{4.12}$$

Da Bilanzgleichungen verwendet werden, handelt es sich um ein zweidimensionales Finite-Volumen-Verfahren. Die äußeren Temperaturen der Randelemente werden durch die interpolierten Temperaturverläufe vorgegeben. Mit den so geschlossenen Randbedingungen wird das Gleichungssystem iterativ gelöst und man erhält das stationäre, rotationssymmetrische Temperaturprofil der Scheibe, aus dem die Wärmestromdichten, wie im folgenden Kapitel beschrieben, ermittelt werden.

4.3.4 Axiale und radiale Wärmestromdichte

Die axiale, nur im Krümmungsbereich der Nabenverdickung $0{,}386 < x < 0{,}48$ nicht exakt der Wandnormalen entsprechende, Wärmestromdichte wird für beide Seiten getrennt aus einem quadratischen Ansatz für den Wandtemperaturgradienten gemäß Gleichung 4.13 ermittelt. Die Wärmeleitfähigkeit der Scheibe beträgt λ = 15 W/(mK) und das Vorzeichen der axialen Wärmestromdichte wird so gewählt, dass ein positiver Wert einem Wärmestrom in positive z-Richtung gemäß dem Koordinatensystem in Abbildung 2.3 entspricht. Die Koordinate y ist axial von der Oberfläche zur Scheibenmitte gerichtet. Die Temperatur T_0 entspricht der gemessenen Oberflächentemperatur und die Temperaturen T_1 und T_2 den iterativ ermittelten Temperaturen der zur Scheibenmitte nächstliegenden Stützstellen auf gleichem Radius.

$$q_{ax} = (-)\lambda \cdot \left.\frac{dT}{dy}\right|_{y=0} = (-)\lambda \cdot \frac{1}{y_2 - \frac{y_2^2}{y_1}}\left[T_2 - \frac{y_2^2}{y_1^2}T_1 - \left(1-\frac{y_2^2}{y_1^2}\right)T_0\right] \tag{4.13}$$

Die radiale Wärmestromdichte wird aus einem quadratischen Ansatz für den Wandtemperaturgradienten am Mantel und an der Nabe gemäß Gleichung 4.14 und sonst aus einem linearen Ansatz in der Mittelebene der Scheibe gemäß Gleichung 4.15 ermittelt. Ein positiver Wert entspricht einem Wärmestrom in positive r-Richtung, d.h. von der Nabe zum Mantel. Die Mittelebene ist auf der rechten Seite in Abbildung 4.5 als stärkere Linie dargestellt.

$$q_{rad,M,0} = (-)\lambda \cdot \left.\frac{dT}{dr}\right|_{r=0} = (-)\lambda \cdot \frac{1}{r_2 - \frac{r_2^2}{r_1}} \left[T_2 - \frac{r_2^2}{r_1^2} T_1 - \left(1 - \frac{r_2^2}{r_1^2}\right) T_0 \right] \tag{4.14}$$

$$q_{rad,M,1} = (-)\lambda \cdot \frac{dT}{dr} = (-)\lambda \cdot \frac{T_2 - T_0}{r_2 - r_0} \tag{4.15}$$

In den folgenden Kapiteln werden Einflüsse auf die ermittelten Wärmestromdichten wie Radseitenreibung oder Wärmestrahlung diskutiert und eine Fehlerabschätzung vorgestellt.

4.3.5 Einfluss der Radseitenreibung

Die Reibung an den seitlichen Flächen einer Scheibe erhöht deren Temperatur und wird auch als Radseitenreibung bezeichnet. Prinzipiell kann eine Scheibe nur dann gekühlt werden, wenn die Erwärmung über den Rotormantel stärker als die Radseitenreibung ist. Nach [Owen 1989, S.101] kann die Temperaturerhöhung aufgrund von Radseitenreibung ΔT_R einer freien Scheibe gemäß Gleichung 4.16 bestimmt werden. Der Rückgewinnfaktor R_f bei laminarer oder turbulenter Strömung ergibt sich gemäß den Gleichungen 2.24 und 2.25.

$$\Delta T_R = R_f \frac{(\Omega r)^2}{2 c_p} \tag{4.16}$$

Für die Mittelscheibe ist die Relativgeschwindigkeit zwischen Wand und Strömung (1-β) deutlich geringer als bei einer freien Scheibe, was in der erweiterten Gleichung 4.17 allgemein für eine innere Scheibe berücksichtigt ist.

$$\Delta T_R = R_f \frac{\left[|1-\beta| \, \Omega r \right]^2}{2 c_p} \tag{4.17}$$

Für die Messungen mit axialer Durchströmung können beispielhaft die Größen: $|1-\beta| = 0{,}15$, $R_f = Pr^{1/3} = 0{,}892$, $\Omega = 1047\ s^{-1}$, $r = b = 194{,}5$ mm und $c_p = 1005\ m^2/(s^2K)$ angenommen werden. Daraus ergibt sich eine Temperaturerhöhung durch Radseitenreibung von $\Delta T_R = 0{,}4$ K. Bei radialer Einströmung sind die Werte für $|1-\beta|$ im inneren Teil der Kammer deutlich größer als im Beispiel, wodurch auch die Werte der Temperaturerhöhung, die des Beispiels übersteigen können. Die ermittelte örtliche Wärmestromdichte resultiert aus der Radseitenreibung und dem Wärmetransport durch Leitung, Konvektion und Wärmestrahlung, deren Anteil am Gesamtwärmestrom im folgenden Kapitel abgeschätzt wird.

4.3.6 Einfluss der Wärmestrahlung

Die Wärmestromdichte enthält einen konvektiven Anteil und einen Strahlungsanteil. Zur Abschätzung der Wärmestrahlung wurden in [Kaiser 2001] ein einfaches Modell, ein komplexes Netzwerkmodell und eine FEM-Strahlungsrechnung untersucht und miteinander verglichen. Die Ergebnisse der beiden analytischen Modelle sind dabei ähnlich, die der numerischen Rechnung um den Faktor drei bis vier niedriger. Die maximale Strahlungswärmestromdichte q_{12} kann demnach mit dem einfachen Modell parallel gegenüberliegender, grauer Wände gemäß Gleichung 4.18 abgeschätzt werden, wobei die Stefan-Boltzmann-Konstante gleich $\sigma = 5{,}669 \times 10^{-8}\ W/(m^2K^4)$ ist.

$$q_{12} = \frac{\sigma\left(T_1^4 - T_2^4\right)}{\frac{1}{\varepsilon_1} + \frac{1}{\varepsilon_2} - 1} \tag{4.18}$$

Die Emissionsgrade der Scheiben ε_1 und ε_2 müssen abgeschätzt werden, wobei ein dünner Ölfilm auf dem Metall einen starken Einfluss hat.

Daten aus [Kaiser 2001]:	Blanke Metallfolie	$\varepsilon = 0{,}058$
	mit 0,02 mm Ölschicht	$\varepsilon = 0{,}33$
	mit 0,1 mm Ölschicht	$\varepsilon = 0{,}75$

Tabelle 4.2 Beispielrechnung mit einem einfachen Modell aus Messwerten der Kammer K1 für axiale und gemischte Strömung ermittelte maximale Wärmestromdichten aufgrund von Wärmestrahlung

	$T_{1,max}$ [°C]	$T_{2,min}$ [°C]	$\varepsilon_1=\varepsilon_2$ [-]	q_{12} [W/m²]	$q_{12}/\overline{q}_{ax}$ [%]
Axiale Strömung (Fall 1)	64,2	52,4	0.2	10,8	0,8
	64,2	52,4	0.4	24,4	1,9
Gemischte Strömung (Fälle 2 und 3)	81,1	55,3	0.2	25,8	0,7
	81,1	55,3	0.4	58,3	1,5

Die äußere Scheibe der Kammer K1, vgl. Abbildung 4.4, liegt optisch zugänglich im Versuchsraum und hat dadurch einen höheren Wärmeverlust als die äußere Scheibe der Kammer K2, die vom Lagerbock nahezu abgedeckt wird. Daraus resultiert, dass die maximale Temperaturdifferenz zwischen Mittelscheibe und äußeren Scheiben und somit die maximale Strahlungswärme in Kammer K1 auftritt. Besonders für die Untersuchung gemischter Strömung mit warmer einströmender Luft in Kammer K2 bestehen Temperaturunterschiede zwischen äußerer Scheibe T_1 und erwärmter Mittelscheibe T_2 in Kammer K1. Ergebnisse einer Beispielrechnung sind in Tabelle 4.2 angegeben. Die maximale Strahlungswärmestromdichte q_{12} bezogen auf die integrale, axiale Gesamtwärmestromdichte $\overline{q}_{ax}$ zeigt, dass der Strahlungsanteil vernachlässigt werden kann.

4.3.7 Fehler durch Interpolation und Modell

Der Einfluss des Rechengebietes auf die Ermittlung der lokalen Wärmestromdichten wird anhand einer Messung mit axialer Durchströmung (Fall 1), vgl. Kapitel 3.2.1, mittlerer Drehfrequenz (n = 6000 min^{-1}) und geringem Durchsatz ($\dot{m}_{ax}$ = 0.05 kg/s) untersucht. Dabei wurden vier Varianten, als V 0.1 bis V 0.4 in Abbildung 4.6 dargestellt, mit vergleichbaren Randbedingungen analysiert. Die Interpolation der seitlichen Temperaturrandbedingung aus den Messwerten erfolgte in allen Varianten mit einem Polynom, dessen Ordnung von eins bis fünf variiert wurde. Als äußere und innere Randbedingung wurde eine lineare Temperaturverteilung angenommen.

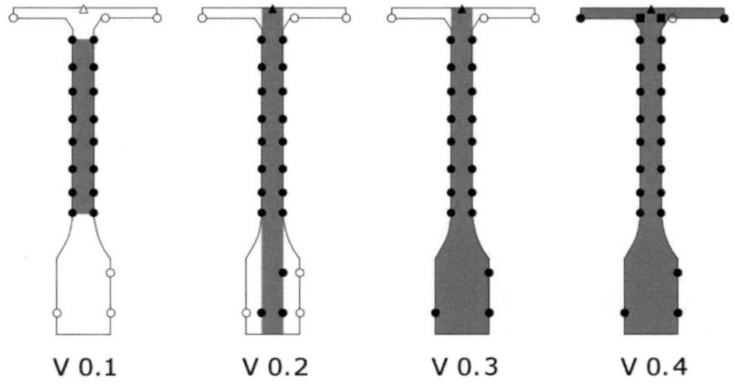

Abbildung 4.6 Variation des Rechengebietes (grau) und der dabei verwendeten Messstellen (volle Symbole); nicht verwendete Messstellen (offene Symbole); Thermoelement (Kreis), Pyrometer (Dreieck), berechnete Stützstelle (Quadrat)

Die Variante V 0.1 (linkes Bild in Abbildung 4.6) umfasst nur den Teil der Scheibe, der eine hohe Messstellendichte aufweist und in dem sichere Ergebnisse zu erwarten sind.

Die Variante V 0.2 (zweites Bild von links in Abbildung 4.6) beinhaltet das Profil der gesamten Scheibe jedoch ohne die Verdickung an der Nabe und erfasst damit deren Einfluss auf die Ergebnisse. Die an der Verdickung gemessenen Temperaturen werden am entsprechenden Radius auf das Modell übertragen.

Die Variante V 0.3 (zweites Bild von rechts in Abbildung 4.6) entspricht der in dieser Arbeit ausschließlich verwendeten Variante, die in Kapitel 4.3.3 bereits ausführlich beschrieben wurde.

Die Variante V 0.4 (rechtes Bild in Abbildung 4.6) erfasst im Modell zusätzlich den Einfluss der Wärmeableitung über den Rotormantel. Dazu werden zur Bildung der seitlichen Polynome zusätzliche Stützstellen, als schwarze Quadrate in Abbildung 4.6 dargestellt, verwendet, die entfernungsgewichtet aus den umliegenden Messstellen berechnet sind. Die Temperaturen der Innen- und Außenseite des Rotormantels werden mit weiteren Polynomen berechnet und die Nabenbohrung, die Übergangsradien, sowie die seitliche Rotormantelbegrenzung linear interpoliert.

Zur Ermittlung der Wärmestromdichten wurde ein selbstentwickelter VBA-Code verwendet, dessen Vorteile im Vergleich zu kommerziellen Programmen in der Automatisierbarkeit und den offenen Berechnungsgrundlagen liegen. Zur Validierung des VBA-Codes und der verwendeten Variante V 0.3 wurden Vergleichsrechnungen mit COMSOL Multiphysics FEMLAB durchgeführt, was eine feinere Vernetzung des Rechengebietes ermöglichte. Die Ergebnisse der Variation und der Vergleichsrechnung mit FEMLAB sind im rechten Diagramm der Abbildung 4.7 beispielhaft für die, mit dem oben beschriebenen Testfall und dem Referenzpolynom vierter Ordnung berechnete, axiale Wärmestromdichte der linken, angeströmten Seite dargestellt. Das linke Diagramm in Abbildung 4.7 zeigt den Einfluss des Polynomgrads bei der Interpolation der gemessenen Oberflächentemperaturen bzw. des Splines, der zur Erhöhung der Stützstellenanzahl zuvor die Messwerte verbindet. Zur besseren Vergleichbarkeit sind die aus den variierten Polynomen interpolierten Temperaturen relativ zu den Werten des Referenzpolynoms vierter Ordnung dargestellt. Dieses Diagramm zeigt auch die Abweichungen der Messwerte zum Referenzpolynom.

Die Ergebnisse auf der linken Seite der Abbildung 4.7 verdeutlichen, dass ein Polynom erster (P1-P4) oder zweiter Ordnung (P2-P4) die Messwerte nicht ausreichend wiedergibt. Die Polynome höherer Ordnung zeigen eine gute Übereinstimmung, wobei es aufgrund der Extrapolation an der Nabe ($x < 0{,}3$) zu Abweichungen kommt. Der Polynomgrad fünfter Ordnung (P5-P4) ist weniger geeignet, da sein Verlauf viele Wendepunkte aufweist, die physikalisch nicht sinnvoll sind. Die Abweichung des Polynoms vierter Ordnung zu den Messwerten (MW-P4) beträgt bis auf zwei Messstellen im Bereich x = 0,8 weniger als ±0,2 K. Geringe Schwankungen der Oberflächentemperatur der Scheibe ΔT_w < 1 K werden durch das Polynom geglättet und somit nicht erfasst.

Die Ergebnisse der Variation des Rechengebietes, rechtes Diagramm in Abbildung 4.7, konkretisieren den Einfluss der Nabenverdickung (V 0.2) und der Wärmeableitung über den Rotormantel (V 0.4), die zu einer Erhöhung der axialen Wärmestromdichte im jeweiligen Bereich führen. Der Vergleich mit V 0.1 zeigt eine gute Übereinstimmung im Bereich 0,55 < x < 0,9, außerhalb dieses Bereiches ist der Einfluss der linearen Randbedingung erkennbar. Das Ergebnis der Vergleichsrechnung mit FEMLAB verdeutlicht den Einfluss einer feineren Diskretisierung des Rechengebiets, der nur an der geometrischen Unstetigkeitsstelle bei x = 0,386 signifikant ist. Dieser Diskretisierungsfehler im VBA-Code wird gebilligt, da die Ungenauigkeit der Randbedingung in diesem Bereich aufgrund der Instrumentierung hoch ist und gesicherte Aussagen zur axialen Wärmestromdichte ohnehin nur im Bereich 0,5 < x < 0,9 getroffen werden können.

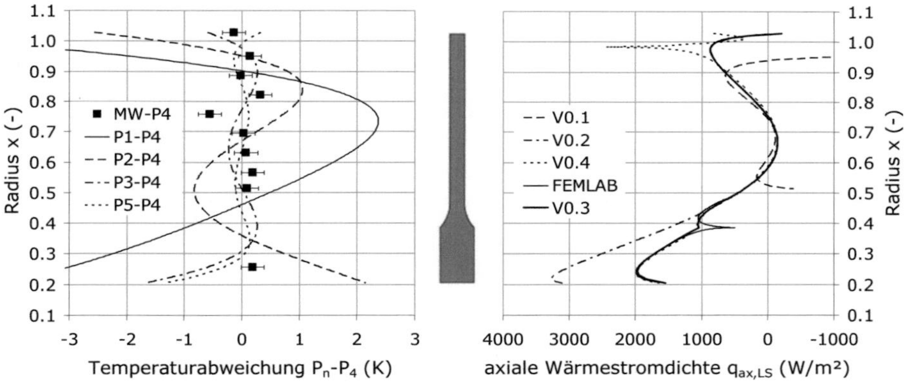

Abbildung 4.7 Links: Temperaturabweichungen der Messwerte (MW) und der Polynome n-ter Ordnung (Pn) zum Referenzpolynom 4. Ordnung (P4) über dem Radius; Rechts: radiale Verteilung der axialen Wärmestromdichte der linken Seite (LS) für die mit Referenzpolynom untersuchten Rechengebiete, FEMLAB Vergleichslösung

Im folgenden Kapitel werden die Fehler der axialen und radialen Wärmestromdichte diskutiert, die aus den Ungenauigkeiten der Oberflächentemperaturmessung resultieren.

4.3.8 Fehler durch Messunsicherheiten

Die Einflüsse der Messunsicherheiten der Oberflächentemperaturen auf die Randbedingungen eines numerischen Modells zur Bestimmung der Wärmestromdichte sind z.B. in [Owen 1979], [Childs 1999] und [Cooke 2006/2009] publiziert.

Wie in Kapitel 4.3.2 bereits erwähnt, ist die Bestimmung der Wärmestromdichte unabhängig von der absoluten Temperatur, wenn man die Werte bezogen auf einen Referenzzustand, bei dem die Wärmeströme vernachlässigbar klein sind, bestimmt. Dann sind nur Abweichungen zu diesem Referenzzustand ausschlaggebend. Die in Kapitel 4.1.3 für die Lufttemperatur und in Kapitel 4.2.1 für die Oberflächentemperatur angegebenen Messunsicherheiten bezüglich der absoluten Temperatur sind nur für die Bestimmung der Stoffgrößen relevant und nicht für die Wärmestromdichten.

In der Technik ist größtenteils eine statistische Zuverlässigkeit von 95% ausreichend, d.h. dass z.B. der Messwert zu 95% innerhalb der angegebenen Messunsicherheit liegt. Für die Mittelung der 100 Messwerte eines thermisch stationären Messpunktes, im vorliegenden Fall innerhalb einer Messzeit von ca. 33 Minuten, wird eine Gauß-Normalverteilung angenommen, wonach der Wert für 95% Wahrscheinlichkeit etwa der zweifachen Standardabweichung entspricht. Während der Messung des Referenzzustandes bzw. des Temperatur-Offsets, d.h. innerhalb 100 Messzyklen bzw. 33 Minuten, wurde die doppelte Standardabweichung gemittelt über alle Temperaturen, die zur Bestimmung der Wärmestromdichte verwendet werden, mit $\Delta T_{\text{Offset}} = 2\sigma = \pm 0{,}2$ K für Raumtemperatur gemessen. In dieser zeitlichen Streuung der Messwerte sind alle Einflüsse der Messkette vom Sensor über die Telemetrie bis zur Ausgabe im Messrechner und die Temperaturschwankungen während der Messung erfasst. Diese zufälligen Fehler können aufgrund der Mittelung von N = 100 Messwerten gemäß Gleichung 4.19 vernachlässigt werden.

$$\Delta \overline{T} = \frac{2\,\sigma}{\sqrt{N}} = \pm\, 0{,}02\,\text{K} \tag{4.19}$$

Problematisch für die Messmethode sind Abweichungen zwischen den Messketten bei höheren Temperaturen als die des Referenzzustands, hervorgerufen durch Unterschiede in den Kennlinien der Thermoelemente oder der Thermochips. Mit einer Kalibrierung in situ, z.B. mit einem zweiten Offset bei 100°C, könnten diese systematischen Fehler für die hier verwendeten Messketten erfasst und korrigiert werden. Allerdings ist die Einstellung einer homogenen Temperaturverteilung bei hohen Temperaturen im Rotor aufgrund der Wärmeverluste zur Umgebung nicht möglich. Die Fehler müssen daher abgeschätzt werden.

Eine Untersuchung von zehn vergleichbaren Messketten (typgleiche Thermochips und Messwerterfassung) mit Mantelthermoelementen in einem Temperatur-Kalibrator (WIKA 9105, ΔT_{Kal} = ±0,1 K) ergab temperaturabhängige Abweichungen zwischen den Messketten (MK) von maximal ΔT_{MK} = ±0,5 K bei 120°C, wobei aufgrund der Exemplardatenstreuung auch Messketten mit deutlich geringerer Abweichung gemessen wurden. Mit der Annahme einer mittleren Scheibentemperatur von 80°C für alle Messungen ergibt sich ein temperaturunabhängiger Fehler von $\Delta \overline{T}_{MK}$ = ±0,3 K. Die Abweichungen von sechs Thermoelementen (TE) mit geschweißter Messperle, wie sie am Versuchsstand verwendet werden, wurden mit dem gleichen Kalibrator von [Kaiser 2001], vgl. Kapitel 4.1.3, mit ΔT_{TE} = ±0,1 K gemessen. Der Fehler aus der unterschiedlichen Ausführung der Kontaktstelle (KS) zwischen Messperle und Rotorscheibe wird mit ΔT_{KS} = ±0,1 K abgeschätzt. Mit der zusätzlichen Annahme, dass die Abweichungen der Mantelthermoelemente und der verwendeten Thermoelemente gleich sind, ergibt sich die maximale und wahrscheinliche Messunsicherheit gemäß den Gleichungen 4.20 und 4.21.

$$\Delta T_{\mathrm{max}} = \Delta \overline{T}_{MK} + \Delta T_{Kal} + \Delta T_{KS} = \pm\, 0{,}5\,\mathrm{K} \tag{4.20}$$

$$\Delta T_{wahr} = \sqrt{\Delta T_{MK}^2 + \Delta T_{Kal}^2 + \Delta T_{KS}^2} = \pm\, 0{,}33\,\mathrm{K} \tag{4.21}$$

Im Folgenden wird mit zwei verschiedenen Methoden der Einfluss der Messunsicherheiten der Temperaturmessung auf die Bestimmung der Wärmestromdichten untersucht.

Fehlerrechnung der eindimensionalen Wärmeleitung

Die Wärmestromdichte bei eindimensionaler Wärmeleitung in einer Wand ergibt sich gemäß Gleichung 4.22 mit der Wärmeleitfähigkeit λ, der Dicke der Wand d und der Temperaturdifferenz über der Wand $T_1 - T_2$.

$$q = \frac{\lambda}{d}\left(T_1 - T_2\right) \tag{4.22}$$

Aus der Fehlerfortpflanzung für die absoluten Fehler der Temperaturen ΔT_1 und ΔT_2 gilt mit den Annahmen $\Delta T_1 = \Delta T_2 = \Delta T$, $\Delta\lambda = 0$ und $\Delta d = 0$ für den maximalen Fehler bzw. die maximale Unsicherheit der Wärmestromdichte Δq:

$$\Delta q = \frac{\lambda}{d}\left|\Delta T_1\right| + \frac{\lambda}{d}\left|\Delta T_2\right| = \frac{\lambda}{d} C \left|\Delta T\right| \text{ mit } C = C_{\mathrm{max}} = 2 \tag{4.23}$$

Für den wahrscheinlichen Fehler gilt $C = C_{wahr} = \sqrt{2}$ und der relative Fehler der Wärmestromdichte $\Delta q/q$ ergibt sich aus:

$$\frac{\Delta q}{q} = \frac{C\left|\Delta T\right|}{T_1 - T_2} \tag{4.24}$$

Die Fehlerkoeffizienten $C_{max} = 2$ und $C_{wahr} = \sqrt{2}$ sind für beide Seiten der Scheibe identisch. Die radiale Wärmeleitung und Einflüsse der Messstellenverteilung sowie der Extrapolation an der Nabe werden von dieser Fehlerbetrachtung nicht berücksichtigt, deshalb wird im Folgenden eine weitere Methode vorgestellt.

Variationsrechnung

Bei dieser Methode wird davon ausgegangen, dass der wahrscheinliche Fehler der Temperaturmessung aus Gleichung 4.21 $\Delta T_{wahr} = \pm 0{,}33$ K an jeder Messstelle auftritt, das Vorzeichen aber zufällig verteilt ist. Zur Generierung des zufälligen Vorzeichens wird die interne Funktion „Zufallszahl()" in Mircosoft Excel verwendet. Mit den variierten Oberflächentemperaturen $T_{var} = T + \Delta T_{wahr}$ oder $T_{var} = T - \Delta T_{wahr}$ werden die Wärmestromdichten gemäß dem oben beschriebenen Messverfahren für die bereits in Kapitel 4.3.7 verwendete Referenzmessung ermittelt. An der Berechnung sind 20 Messstellen beteiligt, woraus sich $2^{20} = 1.048.576$ Kombinationen der Fehlerverteilung entlang der Berandung ergeben. Die Ergebnisse von 100 Rechnungen hinsichtlich der axialen Wärmestromdichte der linken, angeströmten Seite $q_{ax,LS}$ ist im rechten Diagramm der Abbildung 4.8 als „±0,33K Variation" dargestellt. Die maximalen Abweichungen werden mit Hilfe einer Sensitivitätsanalyse angenähert.

Sensitivitätsanalyse

Bei der Sensitivitätsanalyse wird jeweils nur der Wert einer Messstelle $T_{var} = T + \Delta T$ verändert und dann die Abweichungen der axialen und radialen Wärmestromdichten zur Referenzlösung $\Delta q = q - q_{Ref}$ berechnet. Die Größe von ΔT ist frei wählbar, aber für alle Messstellen gleich. Daraus ergeben sich für jede Messstelle ihre Einflüsse auf die Ermittlung der Wärmestromdichten. Die ermittelte Messstelle mit dem größten Einfluss auf die Wärmestromdichten ist ToD04 auf der linken Seite bei $x = 0{,}51$, siehe Abbildung 3.3. Ihr Wert entscheidet, als letzte Stützstelle vor einer längeren stützstellenfreien Zone, über den Verlauf des Polynoms auf der linken Seite. Im Vergleich zur rechten Seite und der entsprechenden Messstelle ToC04 fehlt die zusätzliche Stützstelle bei $x = 0{,}36$. Aus der Sensitivitätsanalyse folgt, dass bei kommenden Projekten möglichst die gleiche Messstellenanzahl pro Seite verwendet werden sollte und eventuell die Messstellendichte vergrößert wird. Sind noch freie Kanäle verfügbar, sollten die sensiblen Messstellen, wie hier z.B. ToD04, redundant ausgeführt werden.

Summiert man die Abweichungen der Wärmestromdichten Δq_i (i = ax,LS; ax,RS und rad,M) für alle Messstellen j und bezieht diese auf die angesetzte Temperaturveränderung ΔT, ergeben sich die radialen Verteilungen der Fehlerkoeffizienten C_i gemäß Gleichung 4.25 getrennt für die beiden axialen und die radiale Wärmestromdichte. Die Ergebnisse werden genutzt, um die maximalen Abweichungen der Variationsrechnung anzunähern. Dafür wurde der Parameter C_0 = 2 gesetzt.

$$C_i = C_0 \frac{d}{\lambda \, \Delta T} \sqrt{\sum_j \Delta q_i^2} \quad \text{mit } i = \text{ax,LS; ax,RS und rad,M} \qquad (4.25)$$

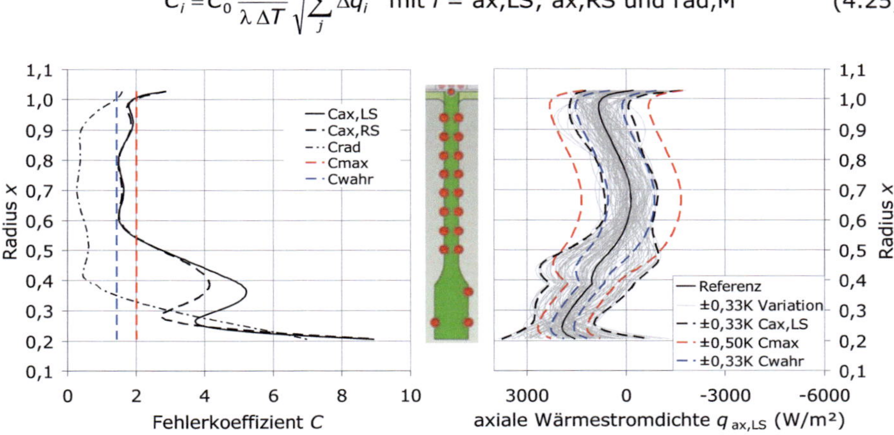

Abbildung 4.8 Links: Fehlerkoeffizienten abhängig vom Radius: aus Variationsrechnung - Fehlerkoeffizienten der axialen Wärmestromdichten der linken Seite ($C_{ax,LS}$) und der rechten Seite ($C_{ax,RS}$) und der radialen Wärmestromdichte (C_{rad}), aus 1D-Wärmeleitung: maximaler Fehlerkoeffizient (C_{max}) und wahrscheinlicher (C_{wahr}); Rechts: Berechnete Fehler der axialen Wärmestromdichte auf der linken, angeströmten Seite für verschiedene Messabweichungen (ΔT_{wahr} = ±0,33K bzw. ΔT_{max} = ±0,5K) und Fehlerkoeffizienten

Die radialen Verläufe der oben ermittelten Fehlerkoeffizienten werden im linken Diagramm der Abbildung 4.8 verglichen. Die Fehler der radialen Wärmestromdichte sind kleiner als die der axialen Wärmestromdichten. Im Bereich $0{,}5 < x < 1{,}0$, wo die Dichte der Messstellen am größten ist, sind auch die Fehler am geringsten. Die zusätzliche Messstelle bei x = 0,36 auf der rechten Seite der Scheibe bewirkt eine Verringerung des wahrscheinlichen Fehlers um ca. 20% im

Bereich $0{,}25 < x < 0{,}45$. Aufgrund der Extrapolation der Temperaturrandbedingung zur Nabe hin, steigen die Fehlerkoeffizienten in diesem Bereich stark an. Die Ergebnisse der eindimensionalen Wärmeleitung sind im Bereich der hohen Messstellendichte vergleichbar mit den Ergebnissen der Variationsrechnungen.

Im rechten Diagramm der Abbildung 4.8 sind die Ergebnisse beispielhaft für die axiale Wärmestromdichte der linken Seite $q_{\mathrm{ax,LS}}$ dargestellt. Die Ergebnisse der Variationsrechnungen mit der wahrscheinlichen Unsicherheit der Temperaturmessung von $\Delta T_{\mathrm{wahr}} = \pm 0{,}33$ K streuen um die Referenzlösung mit großen Abweichungen. Die Grenzwerte ± 740 W/m² < $\Delta q_{\mathrm{ax,LS}}$ < ± 2200 W/m² und der Mittelwert im Bereich $0{,}5 < x < 1{,}0$ $\overline{\Delta q_{ax,LS}} = \pm 890$ W/m² ergeben sich aus den Ergebnissen der Gleichung 4.26.

$$\Delta q_i(x) = C_i(x) \frac{\lambda}{d(x)} \Delta T_{wahr} \quad \text{mit } i = \text{ax,LS; ax,RS und rad,M} \tag{4.26}$$

Für die axiale Wärmestromdichte der rechten Seite betragen die Größen ± 670 W/m² < $\Delta q_{\mathrm{ax,RS}}$ < ± 2200 W/m² und $\overline{\Delta q_{ax,RS}} = \pm 870$ W/m². Für die radiale Wärmestromdichte ergeben sich ± 210 W/m² < $\Delta q_{\mathrm{rad,M}}$ < ± 2600 W/m² und $\overline{\Delta q_{rad}} = \pm 420$ W/m². Die Verdickung an der Nabe verringert die Messunsicherheit aufgrund des höheren Wärmewiderstandes und der daraus resultierenden größeren Temperaturdifferenz. Mit Berücksichtigung der geringen Messstellendichte im Nabenbereich erhöht sich die ermittelte Messunsicherheit im Vergleich zum dünneren Stegbereich aber etwas.

Aufgrund der großen Messunsicherheiten, werden in der Auswertung keine absoluten Wärmestromdichten betrachtet, sondern Vergleiche zwischen den Messungen gezogen. Die dafür notwendige Reproduzierbarkeit der Ergebnisse und die Übertragbarkeit auf ähnliche Systeme werden im folgenden Kapitel diskutiert.

4.3.9 Reproduzierbarkeit und Übertragbarkeit der Ergebnisse

Die Reproduzierbarkeit der Ergebnisse wird in Abbildung 4.9 anhand einer Gegenüberstellung der Ergebnisse von drei separaten Messungen mit gleichen Versuchsbedingungen ($n = 6000$ min^{-1}, $\dot{m} = 0{,}05$ kg/s, normale Temperatursituation, d.h. kalte axial einströmende Luft und eingeschaltete Mantelheizung, dargestellt. Die ersten zwei Messungen (V1 und V2) wurden am gleichen Tag mit einem dazwischenliegenden Messpunkt gemessen und zeigen eine sehr gute Übereinstimmung $\Delta q_{\mathrm{ax,LS}}$ < ± 121 W/m². Die dritte Messung (V3) wurde an einem anderen Tag mit einer kälteren Eintrittstemperatur ($\Delta T_{\mathrm{i}} = 8$ K) als in den ersten zwei Versuchen gemessen. Das erklärt die erhöhte Wärmestromdichte im inneren Bereich der Scheibe. Die Fehlerbalken repräsentieren die zeitliche Streuung der Messwerte während der Messungen. Die doppelte Standardabweichung kann dabei bis zu $2\sigma = \pm 1{,}0$ K betragen und die Messunsicherheit des Mittelwertes gemäß Gleichung 4.19 $\Delta\overline{T} = \pm 0{,}1$ K. In diesem Wert sind zusätzlich zu den zufälligen Fehlern der Messkette auch die Temperaturfluktuationen aufgrund der Strömung und eventuell ein geringer Temperaturdrift infolge nicht idealer Stationarität enthalten. Aufgrund der guten Reproduzierbarkeit lassen sich die relativen Veränderungen der Verläufe der Wärmestromdichten auswerten. Die absoluten Beträge der Wärmestromdichten unterliegen den in Kapitel 4.3.8 diskutierten Messunsicherheiten.

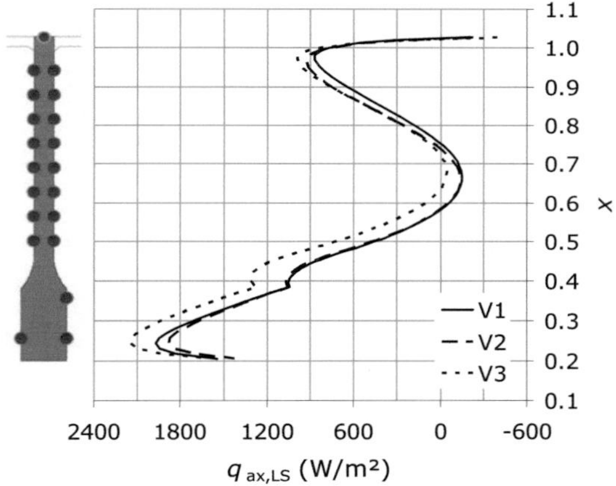

Abbildung 4.9 Reproduzierbarkeit der Ergebnisse: axiale Wärmestromdichte auf der linken, angeströmten Seite verglichen für drei separat gemessene Versuche (V1-V3) bei gleichen Parametern

In Systemen mit einer Kopplung zwischen Strömungs- und Temperaturfeld, z.B. in den hier betrachteten Kammern, durch Auftriebseffekte, hängt die Übertragbarkeit der Ergebnisse eines Modellversuchs auf ein ähnliches System nicht nur von der Strömung, sondern auch von den thermischen Randbedingungen ab. Aufgrund der vorhandenen Druck- und Temperaturgradienten in den Kammern entstehen Dichtegradienten, die nicht mehr vernachlässigbar sind, und Nulldurchgänge im radialen Verlauf der axialen Wärmestromdichte, die ohne geeignete Referenztemperatur zu physikalisch sinnlosen negativen Wärmeübergangskoeffizienten und Nusselt-Zahlen führen. Die in der Literatur üblichen lokalen Definitionen der beiden Kennzahlen entsprechen den Gleichungen 4.27 und 4.28.

$$\alpha = \frac{q_w}{T_w - T_{Ref}} \quad (4.27) \qquad Nu_r = \frac{\alpha\, r}{\lambda_l} \quad (4.28)$$

Dabei sollte als Referenztemperatur T_{Ref}, wie in Kapitel 2.1.7 bereits diskutiert, die maximale Temperatur innerhalb der Grenzschicht verwendet werden, um physikalisch sinnvolle Kennzahlen zu erhalten und mit den Ergebnissen direkter Messverfahren vergleichbar zu sein. Dem Autor sind aber keine Ergebnisse direkter Wärmeübergangsmessungen in schnell rotierenden Kammersystemen bekannt und die Messung dieser Referenztemperatur ist nicht realisierbar. Einzig die Eintrittstemperatur ist messtechnisch zugänglich. Daher werden in der Literatur die Wärmeübergangskoeffizienten und Nusselt-Zahlen auf die Eintrittstemperatur bezogen, was für Auslegungszwecke sinnvoll ist. Diese Kennzahlen gelten aber nur exakt für die Strömung und die thermischen Randbedingungen des Modellversuchs. Eine Übertragung mittels Ähnlichkeitskennzahlen, wie der Rotations-Reynolds-Zahl, die mit der Umfangsgeschwindigkeit der Scheiben und nicht mit der der Strömung gebildet wird, oder mit einer Grashof-Zahl, deren Volumenausdehnungskoeffizient mit $\beta_T = 1/T$ inkompressibel angenommen wird, muss kritisch hinterfragt werden.

Das hier verwendete Messverfahren erlaubt aufgrund der geringen Beeinflussung des Systems durch die Messsensoren im Vergleich zu Hilfswandverfahren die Übertragung von Oberflächentemperaturen und Wärmestromdichten im Rahmen der Messunsicherheit auf ähnliche Systeme mit Stahlscheiben. Dabei muss jedoch beachtet werden, dass auch hier die Strömung und die thermischen Randbedingungen ähnlich sein müssen und die Dicke der Scheibe ebenfalls einen Einfluss auf die Wärmestromdichte hat. Da Wärmeübergangskoeffizienten und Nusselt-Zahlen im vorliegenden Fall nicht sinnvoll sind, erfolgt die Auswertung anhand der gemessenen Oberflächentemperaturen und ermittelten Wärmestromdichten. Diese Ergebnisse können mit Berücksichtigung der Messunsicherheiten für Validierungsrechnungen an Scheiben in Mehrkammermodellen verwendet werden. Mit validierten numerischen Simulationen kann anschließend die Auslegung der Scheiben unterstützt werden.

In den folgenden Kapiteln werden die Auswertemethoden zur Bestimmung der wichtigen Strömungsgrößen: Kernrotationsverhältnis, Austauschmassenstrom und Dichtegradient vorgestellt.

4.4 Kernrotationsverhältnis

Das lokale Kernrotationsverhältnis β beschreibt das Verhältnis aus Umfangsgeschwindigkeit der Strömung v_ϕ und Umfangsgeschwindigkeit der Wände Ωr gemäß Gleichung 2.36. Ein Wert von $\beta = 0$ entspricht drallfreier Strömung, $\beta = 1$ bedeutet Festkörperrotation und bei $\beta > 1$ handelt es sich um eine beschleunigte Strömung. Mit dem lokalen Kernrotationsverhältnis β kann gemäß Gleichung 4.29 auch die Relativgeschwindigkeit w_ϕ zwischen Strömung und Scheiben berechnet werden.

$$w_\phi = (1 - \beta)\Omega r \tag{4.29}$$

Wie in Kapitel 2.6.2 für axiale Durchströmung und in Kapitel 2.7 für radiale Einströmung beschrieben, bildet sich in einer schnell rotierenden Kammer ein Kernbereich, in dem die axialen und radialen Geschwindigkeitskomponenten mehrere Größenordnungen kleiner als die tangentiale Komponente sind und die Reibung vernachlässigt werden kann. Mit weiteren Annahmen, wie Stationarität, Rotationssymmetrie und Vernachlässigung des Gravitionseinflusses, erhält man für diesen Kernbereich aus den Impulserhaltungssätzen des absoluten, nicht drehenden Systems gemäß Gleichung 2.4, dass die radiale Druckänderung nur von der Radialbeschleunigung gemäß Gleichung 4.30 abhängt.

$$\rho \frac{v_\phi^2}{r} = \frac{dp}{dr} \tag{4.30}$$

Mit dem idealen Gasgesetz, vgl. Gleichung 2.10, und der Definitionsgleichung gemäß Gleichung 2.36 ergibt sich eine Bestimmungsgleichung für das Kernrotationsverhältnis entsprechend Gleichung 4.31.

$$\beta^2 \Omega^2 r\, dr = R_L T \frac{dp}{p} \tag{4.31}$$

Zur Ermittlung des lokalen Kernrotationsverhältnisses muss der radiale Druck- und Lufttemperaturverlauf in der Kammer bekannt sein. Im Versuchsstand werden diese Größen auf zwei Radien gemessen, siehe Abbildung 3.3 z.B. in Kammer K2: $p_1(r_1)$ = Mittelwert von PsB01/PsB02, $p_2(r_2)$ = Mittelwert von PsB03/PsB04, T_m = Mittelwert von TfB02/TfB10. Aus den beiden statischen Drücken p_1 und p_2 und der mittleren Lufttemperatur T_m kann damit ein integral gemitteltes Kernrotationsverhältnis $\overline{\beta}$ gemäß Gleichung 4.32 getrennt für beide Kammern bestimmt werden. Der Einfluss einer nicht konstant angenommenen Temperatur ist in [Uffrecht 2012a] diskutiert.

$$\overline{\beta} = \sqrt{\frac{2 R_L T_m \ln(p_2/p_1)}{\Omega^2 (r_2^2 - r_1^2)}} \tag{4.32}$$

Damit sind aus den Druck- und Temperaturmessungen in der Kammer Aussagen zur mittleren Umfangsgeschwindigkeit der Strömung im Kernbereich möglich. Der Einfluss der Messunsicherheiten der Druckmessung steigt mit sinkender Drehfrequenz, weshalb für die Messungen bei geringen Drehfrequenzen kein mittleres Kernrotationsverhältnis angegeben werden kann.

4.5 Austauschmassenstromverhältnis

Neben dem Kernrotationsverhältnis ist auch der Betrag des bei axialer Durchströmung radial in die Kammer eindringenden Massenstroms, hier Austauschmassenstrom genannt, eine wichtige Größe zur Interpretation der Ergebnisse des Wärmeübergangs. Das Austauschmassenstromverhältnis M ist das Verhältnis des radialen Austauschmassenstroms $\dot{m}_A$ zum axialen Gesamtmassenstrom $\dot{m}$, das bereits in Gleichung 2.64 auf Seite 38 definiert wurde. Für die gemischte Strömung, d.h. axialem und radialem Einströmen gemäß Abbildung 3.4 auf Seite 50 wird der Austausch der axialen Strömung mit der Kammer nicht betrachtet.

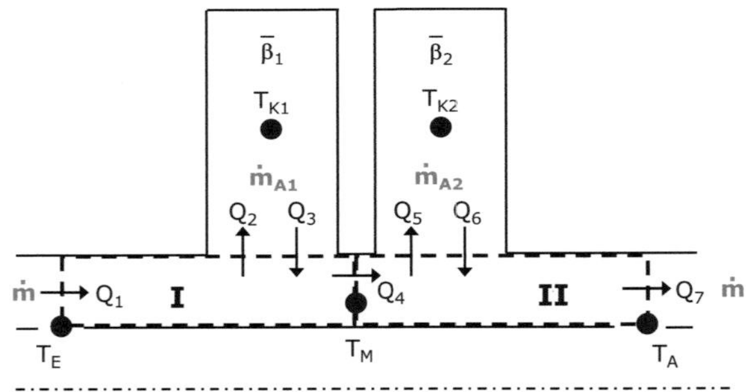

Abbildung 4.10 Skizzen der Bereiche I und II der Wärmestrombilanzierung zur Bestimmung des Austauschmassenstromverhältnisses bei axialer Durchströmung

Die Abbildung 4.10 zeigt die Bereiche am Spalt zwischen den Kammern und der Innenwelle, in denen für jede Kammer getrennt mittels einer Wärmestrombilanz das Austauschmassenstromverhältnis aus gemessenen Werten bestimmt wird. In dem Modell sind die angrenzenden Wände des Rotors und der Innenwelle adiabat und die Wärmekapazität der Luft wird als konstant angenommen. Der Wärmestrom an der Innenwelle wurde abgeschätzt und kann vernachlässigt werden. In den Spaltbereich I der Kammer K1 tritt der Wärmestrom Q_1 mit der Eintrittstemperatur T_E (TfI04 in Abbildung 3.3) ein. An der Grenze zur Kammer K1 passiert der radiale Austausch des mit der Eintrittstemperatur in die Kammer strömenden Wärmestroms Q_2 und dem mit der Kerntemperatur der Kammer T_{K1} (Mittelwert der Lufttemperaturen TfE02 und TfE12, vgl. Abbildung 3.3) zurückkommenden Wärmestrom Q_3. Am Austritt verlässt der Wärmestrom Q_4 mit einer Mischtemperatur T_M den Spaltbereich I. Die Wärmebilanzierung im Spaltbereich II für den Austauschmassenstrom der Kammer K2 ist ähnlich des Bereiches I, wobei als Kerntemperatur der Kammer T_{K2} (Mittelwert der Lufttemperaturen TfB02 und TfB10, vgl. Abbildung 3.3) und als Austrittstemperatur T_A (TfI01 in Abbildung 3.3) verwendet werden.

Aus der Wärmestrombilanz und den getroffenen Annahmen ergeben sich die Gleichungen 4.33 und 4.34 für die Austauschmassenstromverhältnisse der Kammern K1 und K2. Es findet kein Austausch mit der Kammerströmung statt (M = 0), wenn die Austrittstemperatur der Eintrittstemperatur entspricht. Ist die Austrittstemperatur gleich der Kerntemperatur der Kammer gilt M = 1 und der gesamte, axiale Massenstrom wird radial in die Kammer eingemischt.

$$M_{K1} = \frac{\dot{m}_{A1}}{\dot{m}} = \frac{T_M - T_E}{T_{K1} - T_E} \quad (4.33) \qquad M_{K2} = \frac{\dot{m}_{A2}}{\dot{m}} = \frac{T_A - T_M}{T_{K2} - T_M} \quad (4.34)$$

Die Bestimmung der Mischtemperatur erfolgt nicht mit gemessenen Lufttemperaturen (TfI02 bzw. TfI03 in Abbildung 3.3), da diese, wie in Abbildung 4.3 dargestellt, sehr nah an der Innenwelle und somit nicht im Mischgebiet liegen. Eine weitere Annahme gemäß Gleichung 4.35 legt das Verhältnis der Austauschmassenströme zwischen den Kammern fest und erlaubt die Berechnung der Mischtemperatur. Das aus Messwerten ermittelte, integrale Kernrotationsverhältnis dient dabei als Maß für den Austausch mit der Kammerströmung. Im Modell wird angenommen, dass der radiale Austausch die tangentiale Geschwindigkeitskomponente verringert. Die Annahmen beeinflussen den absoluten Betrag des Austauschmassenstromverhältnisses, nicht aber die wichtigere Relation der Werte untereinander.

$$\frac{\dot{m}_{A1}}{\dot{m}_{A2}} = \frac{\overline{\beta}_2}{\overline{\beta}_1} \quad (4.35)$$

Nachdem die für den Wärmeübergang wichtigen Größen: integrales Kernrotationsverhältnis und Austauschmassenstromverhältnis erfassbar sind, folgt die Bestimmung des Dichtegradienten, der destabilisierende und somit mischungsintensivierende Auftriebsströmungen verursachen kann.

4.6 Dichtegradient

Der Einfluss auftriebsinduzierter Strömung auf den Wärmeübergang soll anhand der radialen Verteilung des Dichtegradienten erfasst werden. Die Bestimmung in den, in Abbildung 4.11 dunkel hinterlegten, Kernbereichen der Kammern basiert auf den Druck- und Lufttemperaturmesswerten. Zur Vereinfachung werden die Annahmen, die in Kapitel 4.4 bereits zur Bestimmung des Kernrotationsverhältnisses verwendet wurden, hier auch übernommen. Ausgehend von Gleichung 4.31 kann die radiale Druckverteilung durch Integration zwischen dem inneren Radius r_1 und einem Radius r ermittelt werden. Der Druck am inneren Radius p_1 entspricht dem arithmetischen Mittelwert der beiden Druckmesswerte. Das lokale Kernrotationsverhältnis wird als konstant über dem Radius angenommen, das gemäß den LDA Messungen von [Long 2007a] für axiale Durchströmung im äußeren Teil der Kammer zutrifft. Der radiale Verlauf der Lufttemperatur zwischen den Radien r_1 und r_2 wird durch die lineare Gleichung 4.36 angenähert, wobei die Konstanten T_0 und k aus den auf zwei Radien gemessenen Lufttemperaturen gewonnen werden.

$$T(r) = \frac{T_0}{1 + k\,r} \tag{4.36}$$

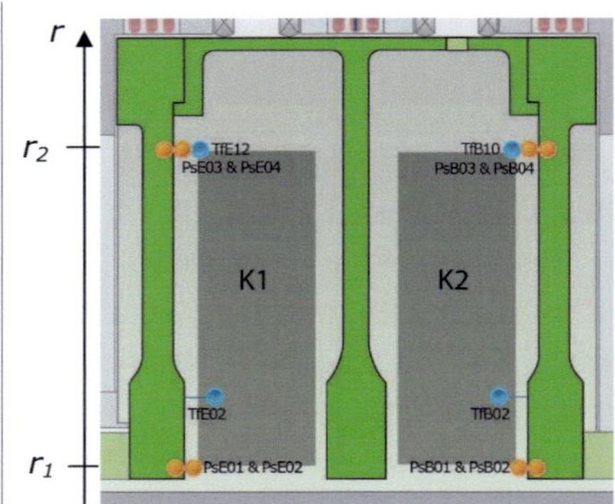

Abbildung 4.11 Skizze der Kernbereiche und der verwendeten Messstellen zur Bestimmung der radialen Verteilung des Dichtegradienten

Die radiale Druckverteilung ergibt sich gemäß Gleichung 4.37 und die radiale Dichteverteilung folgt aus der idealen Gasgleichung 4.38.

$$p(r) = p_1 \cdot exp\left[\frac{\overline{\beta}^2\,\Omega^2}{2\,R_L\,T_0}\left[\left(r^2 - r_1^2\right) + \frac{2\,k}{3}\left(r^3 - r_1^3\right)\right]\right] \tag{4.37}$$

$$\rho(r) = \frac{p(r)}{R_L\,T(r)} \tag{4.38}$$

Der radiale Verlauf des Dichtegradienten lässt sich anschließend aus dem totalen Differential gemäß Gleichung 4.39 bestimmen.

$$\frac{d\rho}{dr}(r)=\frac{\partial\rho}{\partial p}\frac{dp}{dr}+\frac{\partial\rho}{\partial T}\frac{dT}{dr}=\frac{p(r)\,\overline{\beta}^2\,\Omega^2\,r\,(1+k\,r)^2}{R_L^2\,T_0^2}+\frac{k\,p(r)}{R_L\,T_0} \tag{4.39}$$

Im mittleren und äußeren Kammerbereich sind die Annahmen zutreffend. Für den inneren Kammerbereich wird der Wert des tatsächlichen Dichtegradienten aufgrund des niedrigeren lokalen Kernrotationsverhältnisses etwas geringer sein.

Hiermit sind die Messverfahren und Auswertemethoden dieser Arbeit vorgestellt. Im folgenden Kapitel werden die Ergebnisse der Versuche mit axialer Durchströmung gemäß den Fällen 1, 1a und 1b aus Tabelle 3.2 auf Seite 51 diskutiert.

5 Ergebnisse der axialen Durchströmung

Zunächst stehen die thermisch stationären Messungen und normale Temperatursituation, d.h. beheizter Mantel und kalte einströmende Luft, und deren Ergebnisse hinsichtlich der Strömung im Vordergrund. Daraus entsteht eine Vorstellung der Strömungsstruktur, welche mit einer stationären, dreidimensionalen Simulation verglichen wird. Die Ergebnisse dieser konjugierten Rechnung, d.h. einer kombinierten Strömungs- und Wärmeleitungsrechnung, werden anschließend den experimentellen Daten gegenübergestellt und diskutiert. Darauf aufbauend werden die gemessenen, radialen Verteilungen der Oberflächentemperaturen und der Wärmestromdichten an der Mittelscheibe präsentiert und Einflussfaktoren erläutert. Abschließend wird auf die Ergebnisse mit inverser Temperatursituation, d.h. warme einströmende Luft und unbeheizter Mantel, und instationären thermischen Bedingungen eingegangen.

5.1 Strömung bei normaler Temperatursituation

Die Messungen bei normaler Temperatursituation, d.h. kalte, axial einströmende Luft und angeschaltete Mantelheizung, entsprechen den Reiseflugbedingungen eines Triebwerks, bei denen die warmen Verdichterscheiben von der abgezweigten Kühl- und Sperrluft gekühlt werden.

5.1.1 Integrales Kernrotationsverhältnis

Die Ergebnisse des integralen Kernrotationsverhältnisses bei axialer Durchströmung, welches gemäß Kapitel 4.4 für einen reibungsfreien Kernbereich aus den Druck- und Temperaturmesswerten ermittelt wurde, sind in Abbildung 5.1 getrennt für Kammer K1 und Kammer K2 über der Rotations-Reynolds-Zahl Re_ϕ dargestellt. Das Diagramm enthält alle Messpunkte mit Drehfrequenzen $n \geq 3000$ min^{-1}. Der Fehler des integralen Kernrotationsverhältnisses steigt für kleine Re_ϕ aufgrund der geringen Druckdifferenzen und der daraus resultierenden, erhöhten Messunsicherheit. Eine Betrachtung des Einflusses der experimentellen Parameter: Durchsatz, Drehfrequenz, Druck, Temperatur usw.

auf das integrale Kernrotationsverhältnis für verschiedene axiale und radiale Durchströmungen enthält [Brandenburg 2009].

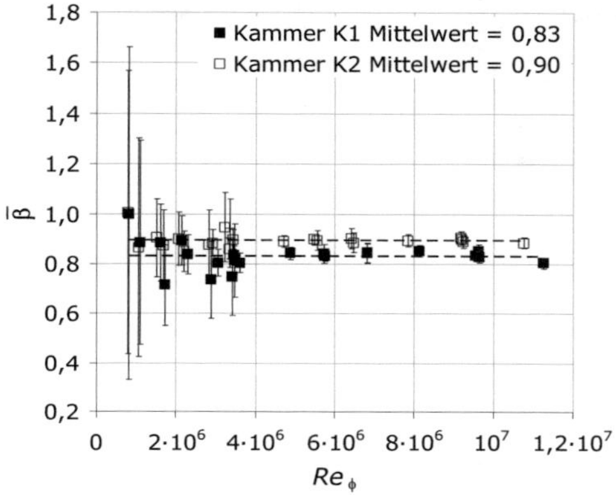

Abbildung 5.1 Integrales Kernrotationsverhältnis $\overline{\beta}$ bei axialer Durchströmung getrennt für Kammer K1 und Kammer K2 über der Rotations-Reynolds-Zahl Re_ϕ; enthält alle Messpunkte mit $n \geq 3000$ min^{-1} bei variierten Kammerdruck und Durchsatz

Aus Abbildung 5.1 wird deutlich, dass das integrale Kernrotationsverhältnis bei axialer Durchströmung über Re_ϕ konstant und unabhängig vom Durchsatz und dem Kammerdruck ist. In der in Strömungsrichtung ersten Kammer K1 beträgt der Mittelwert $\overline{\beta}_1 = 0{,}83$ und in der zweiten Kammer K2 $\overline{\beta}_2 = 0{,}90$. Da die beiden Kammern und die Eintrittspalte geometrisch ähnlich sind und auch die Temperaturen der Wände sich nicht wesentlich unterscheiden, kann dieser Unterschied zwischen den Kammern nur durch die Eintrittsbedingungen der Luft wie z.B. Dichte oder Vordrall verursacht werden. Ein größerer Vordrall und eine geringere Dichte am Eintritt führen zu höheren tangentialen Geschwindigkeiten in der Kammer, wobei die Umfangsgeschwindigkeit der Scheiben im Mittel aufgrund von Reibverlusten nicht erreicht wird. Es ist anzunehmen, dass diese Reibverluste aus der verzögernden Wirkung tangentialer Scherkräfte resultieren. Diese Kräfte entstehen hauptsächlich im inneren Bereich der Kammer aufgrund der Interaktion der Kammerströmung mit der drallarmen, axialen Durchströmung, prallinduzierter, toroidaler Sekundärwirbel und kleinerer auftriebsinduzierter Wirbel. Dem entgegen wirken die tangentialen Scherkräfte an den Grenzschichten der rotierenden Wände beschleunigend. Das Kernrotationsverhältnis resultiert aus der Summe dieser Kräfte. Der innere Teil der Kammer kann demnach nicht reibungsfrei betrachtet werden. Der berechnete integrale Wert gilt für einen reibungsfreien Kernbereich, wie er im mittleren und äußeren Teil der Kammer vorkommt. Der tatsächliche Mittelwert des Kernrotationsverhältnisses zwischen den beiden Druckmessstellen wird aufgrund der Vernachlässigung der Reibung etwas geringer als der berechnete Wert sein.

Der ermittelte Wert von $\overline{\beta}_1 = 0{,}83$ in K1 entspricht den Ergebnissen der LDA-Messungen von [Kaiser 2001] im mittleren Bereich der derselben Kammer unter ähnlichen Bedingungen. Dabei wurde auf einem mittleren Radius von $x = 0{,}60$ für Strömungen mit Rossby-Zahlen $Ro_z < 4$, das auch für die hier betrachteten Versuche gilt, ein lokales Kernrotationsverhältnis von $\beta = 0{,}8$ gemessen. Dieser lokale Wert war auch über der Kammerbreite konstant. Aus Druckmessungen ergab sich ein konstanter, integraler Wert von $\overline{\beta}_1 = 0{,}85$. Zur radialen Verteilung der tangentialen Geschwindigkeitskomponente bzw. des lokalen Kernrotationsverhältnisses und zu den Einflüssen des Spaltverhältnisses $G = s/b$ und des Eintrittsspaltes d_h/b sei auf die Arbeiten von [Farthing 1992b] und [Long 2007a] verwiesen. Bei großen Eintrittsöffnungen und hohem Vordrall können im inneren Bereich der Kammer Werte $\beta > 1$ auftreten, für kleinere Spalte, wie es hier der Fall ist, wurde $\beta < 1$ gemessen. In Richtung des Mantels gehen die lokalen Werte gegen $\beta = 1$. Das aus Druckmessungen ermittelte, integrale Kernrotationsverhältnis $\overline{\beta}$ stellt einen Mittelwert für $0{,}26 < x < 0{,}82$ dar. Im inneren Bereich der Kammer werden aufgrund der Prallströmung und der Reibverluste mit der drallarmen Durchströmung deutlich geringere lokale Kernrotationsverhältnisse auftreten.

Nachdem die tangentiale Geschwindigkeitskomponente diskutiert worden ist, wird im folgenden Kapitel auf den radialen Austausch der axial eintretenden Luft mit der Kammerströmung eingegangen.

5.1.2 Austauschmassenstromverhältnis

Die gemäß Kapitel 4.5 aus einer Wärmestrombilanz ermittelten Austauschmassenstromverhältnisse M für beide Kammern sowie Literaturwerte von [Black 1992] und [Long 1994a] sind im linken Diagramm der Abbildung 5.2 über der Rossby-Zahl Ro_z ($\sim Re_z/Re_\phi$) dargestellt. Im Diagramm wird bei $Ro_z = 0{,}18$ der Einfluss einer im Modell um $\Delta T = \pm 10$ K geänderten Kerntemperatur T_{K1} gezeigt. Das Austauschmassenstromverhältnis variiert dadurch um $\Delta M = \pm 6\%$. Die ermittelten Werte sind etwas geringer als die Literaturwerte, wobei die Beträge von M von den Modellannahmen abhängen. Eine relative Betrachtung der Punkte ist aber davon unabhängig. Der von [Long 1994a] ermittelte Anstieg der Werte für kleine Rossby-Zahlen ist ähnlich. Die Ergebnisse aller Messungen mit axialer Durchströmung zeigen zwischen $1{,}5 < Ro_z < 100$ ein konstantes Austauschmassenstromverhältnis. Bei Strömungen mit geringeren Rossby-Zahlen erhöht sich dieser Wert um maximal 35%. Die Streuung der Werte steigt zu kleineren Rossby-Zahlen, wobei die maximale Streuung bei $Ro_z = 1$ auftritt. Das höchste Austauschmassenstromverhältnis wird in der Messung mit hohem Kammerdruck (p_i = 5,0 bar), geringem Durchsatz ($\dot{m}$ = 0,05 kg/s) und geringer Drehzahl (n = 3000 min^{-1}) erreicht. Mit steigendem Durchsatz $\dot{m}$ nimmt der absolute Austauschmassenstrom $\dot{m}_A$ zu, das Verhältnis $M = \dot{m}_A / \dot{m}$ aber ab. Eine steigende Drehfrequenz und ein geringerer Kammerdruck verringern den Austausch.

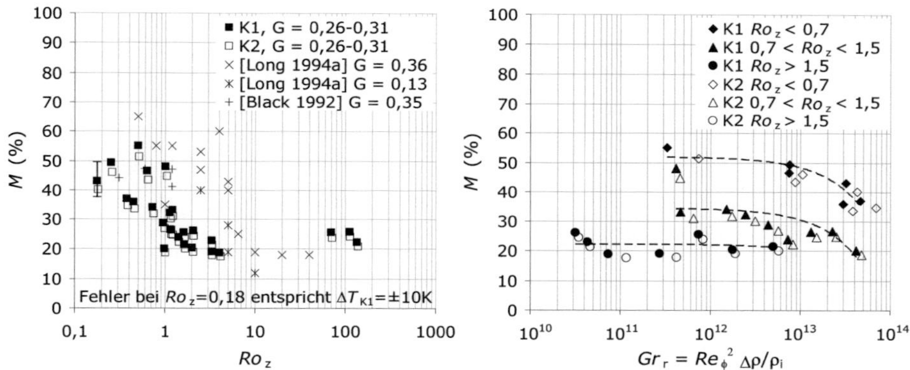

Abbildung 5.2 Links: Austauschmassenstromverhältnis M über der Rossby-Zahl Ro_z ($\sim Re_z/Re_\phi$) für die Kammern K1 und K2, Literaturwerte von [Black 1992] und [Long 1994a] mit den Spaltverhältnissen $G = s/b$, Einfluss der Kerntemperatur T_{K1}; Rechts: Austauschmassenstromverhältnis M über der radialen Grashof-Zahl Gr_r für Bereiche ähnlicher Rossby-Zahl Ro_z in K1 und K2, lineare Trendlinien für die Werte aus K1

Das rechte Diagramm der Abbildung 5.2 zeigt die Austauschmassenstromverhältnisse M über der radialen Grashof-Zahl Gr_r für Bereiche ähnlicher Rossby-Zahl Ro_z. Lineare Trendlinien veranschaulichen den Verlauf der Werte aus Kammer K1. In der Definition der radialen Grashof-Zahl ist hier anstelle der radialen Temperaturdifferenz $\beta_T \Delta T$, vgl. Gleichung 2.34, die radiale Dichtedifferenz $\Delta\rho/\rho$ eingesetzt, um den kompressiblen Charakter der Strömung zu berücksichtigen. Auch hier wird deutlich, dass für Messungen mit $Ro_z > 1{,}5$ die

Austauschmassenstromverhältnisse im Bereich der gemessenen, radialen Grashof-Zahlen nahezu konstant sind. Für Strömungen mit Ro_z < 1,5 sind die Werte bei geringen radialen Grashof-Zahlen Gr_r < 5x10^{12} konstant und bei Strömungen mit radialen Grashof-Zahlen Gr_r > 5x10^{12}, welche hier aus großen Drehfrequenzen resultieren, verringert sich das Verhältnis M um etwa 15%.

Prinzipiell kann der radiale Austausch zwischen der axialen Durchströmung und der Kammerströmung infolge verschiedener Effekte erfolgen:

- Prallströmung und die daraus resultierenden, toroidalen Sekundärwirbel
- Instabilitäten des Eintrittsstrahls gemäß Tabelle 2.3 nach [Farthing 1992b]
- Instabilitäten der Kammerströmung infolge instabiler Dichteschichtung bzw. auftriebsinduzierte Strömungen

Die Ergebnisse können in zwei Regime eingeteilt werden:

- Ro_z > 1,5: die axiale Durchströmung dominiert und Auftriebseffekte sind vernachlässigbar
- Ro_z < 1,5: die Rotationseffekte dominieren und die auftriebsinduzierten Strömungen, die vom vorherrschenden Dichtegradienten und der Zentrifugalkraft verursacht werden, beeinflussen den Austausch

Es ist demnach anzunehmen, dass das konstante Austauschmassenstromverhältnis für Ro_z > 1,5 aus der Prallströmung, den daraus resultierenden, toroidalen Sekundärwirbel und den Instabilitäten des Eintrittsstrahls entsteht. Im hier betrachteten Eintrittsringspalt sind die Geschwindigkeiten deutlich höher als bei den Visualisierungen eines runden Strahls von [Farthing 1992b]. Daher wird vermutet, dass die Instabilitäten des Ringstrahls nur einen geringen Einfluss auf den radialen Austausch haben. Die LDA Messungen von [Kaiser 2001] für 2 < Ro_z < 15 in etwa der Mitte der Kammerhöhe bei x = 0,6 haben gezeigt, dass dort der toroidale Sekundärwirbel mit steigender Drehfrequenz bzw. sinkender Rossby-Zahl verschwindet. Die radialen Geschwindigkeitsschwankungen nehmen aber um das Vierfache im Vergleich zur Situation mit Sekundärwirbel zu. Das lässt den Schluss zu, dass sich der Austausch aufgrund der Prallströmung auf den inneren Bereich der Kammer beschränkt. Im mittleren Bereich der Kammer sind für 1,5 < Ro_z < 7 schwache auftriebsinduzierte Strömungen vorhanden, die nicht den Austausch mit der axialen Durchströmung beeinflussen.

Bei Strömungen mit Ro_z < 1,5 wird die Rotation so dominant, dass auftriebsinduzierte Strömungen zusätzlich zur inneren Prallströmung den Austausch mit der Kammerströmung erhöhen. Diese Instabilitäten entstehen infolge eines negativen Dichtegradienten im Fliehkraftfeld, d.h. wenn die Dichte mit steigendem Radius abnimmt. Der thermische Auftrieb ist dann der Zentrifugalkraft entgegengerichtet. Auf die Ursache der Verringerung der Austauschmassenstromverhältnisse bei Messungen mit $Gr_r > 5x10^{12}$, vgl. rechtes Diagramm der Abbildung 5.2, wird im folgenden Kapitel eingegangen.

5.1.3 Dichtegradient

Im hier betrachteten System verursacht ein negativer Dichtegradient, d.h. die Dichte nimmt mit steigendem Radius ab, Auftriebsströmungen, die bei hohen Zentrifugalkräften die Kammerströmung destabilisieren und den radialen Austausch fördern. Der Dichtegradient wird gemäß dem Modell aus Kapitel 4.6 mit den gemessenen statischen Drücken und Lufttemperaturen sowie dem ermittelten integralen Kernrotationsverhältnis berechnet. Aufgrund der Modellannahmen ist anzunehmen, dass der tatsächliche Wert des Dichtegradienten im inneren Teil der Kammer geringer ist, d.h. in Richtung instabiler Dichteschichtung verschoben ist. In Abbildung 5.3 sind die radialen Verläufe der Dichtegradienten in Kammer K1 für die Messpunkte mit Austauschmassenstromverhältnissen $M > 35\%$, vgl. Abbildung 5.2, dargestellt. Die berechneten Dichtegradienten in Kammer K2 sind aufgrund des im Vergleich zu Kammer K1 höheren integralen Kernrotationsverhältnisses etwas in positive Richtung verschoben, aber im radialen Verlauf ähnlich und daher nicht dargestellt.

Bei hohen Drehfrequenzen bzw. radialen Grashof-Zahlen $Gr_r > 5x10^{12}$ kann es infolge des fliehkraftbedingten, radialen Druckanstiegs zu einer Umkehr des Dichtegradienten im äußeren Teil der Kammer kommen. Das hat eine stabile Dichteschichtung und eine Dämpfung der Instabilitäten zur Folge, aufgrunddessen sich der radiale Austausch bzw. die Austauschmassenstromverhältnisse für $Gr_r > 5x10^{12}$, vgl. rechtes Diagramm der Abbildung 5.2, reduzieren.

Die Messung bei $Ro_z = 1{,}02$ ($\dot{m} = 0{,}05$ kg/s, $n = 6000$ min^{-1}), die als einziger, dargestellter Messpunkt mit niedrigem Kammerdruck ($p_i = 1{,}1$ bar) gemessen wurde, stellt einen Sonderfall dar. Dabei sind die Corioliskräfte in etwa so groß wie die Trägheitskräfte, wodurch anscheinend Instabilitäten in der Kammerströmung entstehen und der radiale Austausch verstärkt wird. Das ermittelte Austauschmassenstromverhältnis beträgt in Kammer K1 $M = 48\%$ und ist das dritthöchste aller Messungen. Die Messung wurde zweimal an verschiedenen Tagen wiederholt, wobei die maximale Änderung im Austauschmassenstromverhältnis $\Delta M = 3\%$ beträgt.

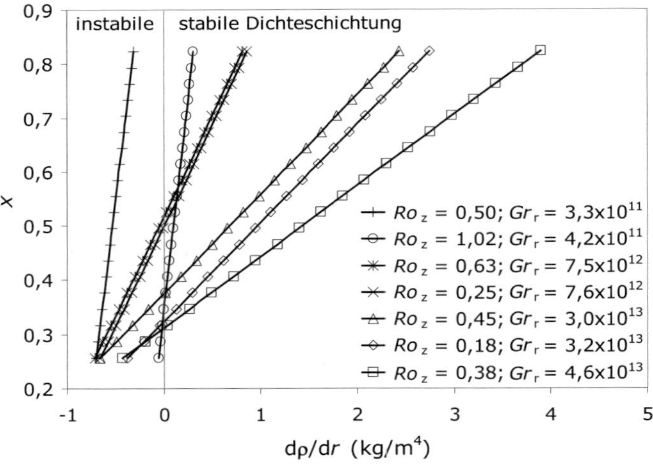

Abbildung 5.3 Berechnete radiale Verläufe der Dichtegradienten in Kammer K1 für die Messpunkte mit Austauschmassenstromverhältnissen M_{K1} > 35%, negative Dichtegradienten bedeuten instabile Dichteschichtung

Die stabilisierende Wirkung eines positiven Dichtegradienten soll im folgenden Kapitel durch die Ergebnisse der in der Kammer gemessenen Temperaturfluktuationen der Luft bestätigt werden.

5.1.4 Temperaturfluktuationen

Die Lufttemperaturen werden in Kammer K1 auf zwei Radien x = 0,36 (TfE02 in Abbildung 3.3) und x = 0,82 (TfE12) gemessen. Die Bestimmung der Temperaturfluktuation T_f erfolgt gemäß Gleichung 4.6 in Kapitel 4.1.3 als relative Standardabweichung ähnlich dem Turbulenzgrad einer Strömung. Die in Ruhe ($Ro_z = \infty$, $Gr_r = 0$) gemessenen Temperaturfluktuationen sind links in Abbildung 5.4 gezeigt.

Die in Abbildung 5.4 dargestellte Gegenüberstellung der gemessenen Temperaturfluktuationen der Luft mit den Austauschmassenstromverhältnissen bestätigt die stabilisierende Wirkung eines positiven Dichtegradienten, da die Tendenzen beider Größen ähnlich sind. Eine Ausnahme bildet wieder der Messpunkt bei Ro_z = 1,02, dessen Temperaturfluktuationen vermutlich aufgrund des geringeren Kammerdrucks kleiner sind als bei Messpunkten mit vergleichbaren Austauschmassenstromverhältnis. Auffällig ist auch, dass mit steigender Rossby-Zahl Ro_z

die Fluktuationen an der äußeren Messstelle größer als die an der inneren Messstelle werden. Besonders bei Ro_z = 0,63 wird das nicht erwartet, da für diesen Messpunkt im äußeren Bereich eine stabile Dichteschichtung, vgl. Abbildung 5.3, herrscht.

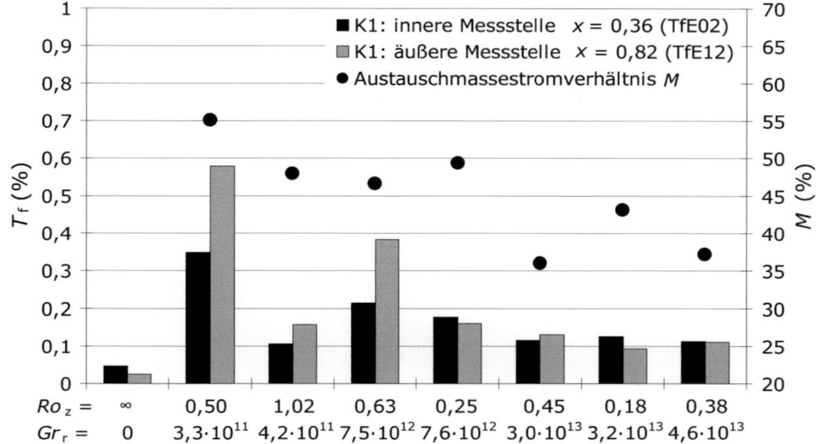

Abbildung 5.4 Vergleich der, auf zwei Radien bei x = 0,36 und x = 0,82 gemessenen in Kammer K1, Temperaturfluktuationen T_f der Luft mit dem Austauschmassenstromverhältnis M für die Messpunkte mit M_{K1} > 35%

Im folgenden Kapitel werden die hier gewonnenen Erkenntnisse zur Strömung in rotierenden Kammern bei axialer Durchströmung zusammengefasst und daraus mit den Erfahrungen aus der Literatur ein einfaches Strömungsmodell entwickelt.

5.1.5 Strömungsmodell

In einer geschlossenen, isothermen Kammer stellt sich im stationären Zustand Festkörperrotation (β = 1) ein. Eine überlagerte axiale Strömung und radiale Temperaturgradienten bilden Sekundärströmungen, die die rotierende Kammerströmung destabilisieren und verzögern (β < 1). Die Abbildung 5.5 zeigt die, bei axialer Durchströmung entstehende, prallinduzierte Sekundärströmung in den beiden Kammern. Aus der Prallströmung an der Nabe bilden sich gemäß den Visualisierungen von [Farthing 1992b] für diese Spaltbreite (G = 0,31) zwei gegenläufige, toroidale Sekundärwirbel, vgl. Abbildung 2.11 auf Seite 35. Die räumliche Ausdehnung der Wirbel hängt von der Geometrie der Kammer, den Eintrittsbedingungen (Dichte, Vordrall), der Drehfrequenz und dem Durchsatz ab. An den Rändern des Eintrittsstrahls können Instabilitäten zu Wirbelablösungen führen. Beim Vorhandensein eines Temperaturgradienten treten abhängig vom vorherrschenden Dichtegradienten zusätzlich zur Sekundärströmung auftriebsinduzierte Instabilitäten auf, die für $Ro_z < 1{,}5$ den radialen Austausch zwischen der axialen Durchströmung und der rotierenden Strömung im inneren Teil der Kammer erhöhen. Im mittleren und äußeren Teil der Kammer sind die axialen und radialen Geschwindigkeiten sehr gering, wobei Geschwindigkeits- und Temperaturschwankungen aufgrund der Instabilitäten auftreten.

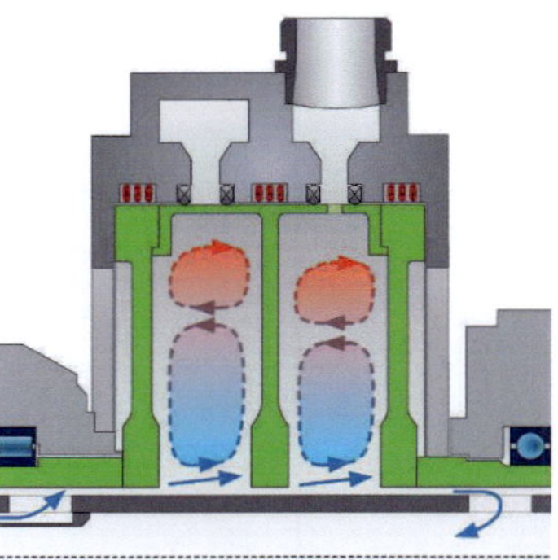

Abbildung 5.5 Einfaches Strömungsmodell der prallinduzierten, toroidalen Sekundärwirbel in einer rotierenden Kammer mit axialer Durchströmung

Das entwickelte Strömungsmodell wird im folgenden Kapitel anhand der Ergebnisse einer stationären, dreidimensionalen Simulation aus [MTU 2011] überprüft. Die numerischen Ergebnisse des untersuchten Testfalls werden hinsichtlich der Strömung und des Wärmeübergangs mit den experimentellen Daten verglichen.

5.2 Konjugierte Simulation der Wärmeübertragung

Eine konjugierte Simulation der Wärmeübertragung (CHT-Simulation - conjugate heat transfer) verbindet eine Berechnung der Wärmeleitung im Festkörper mit einer Strömungssimulation. Das dreidimensionale, 360° umfassende Berechnungsmodell des Rotors ist zusammen mit den verwendeten Randbedingungen auf der linken Seite der Abbildung 5.6 dargestellt. Die Temperatur-Randbedingungen werden auf den äußeren Flächen des Modells gesetzt, um eine freie Berechnung der Wärmetransportbedingungen an und in der Mittelscheibe zu ermöglichen. An den äußeren Scheiben und der Innenwelle werden am Zwei-Kammer-Modellrotor gemessene Temperaturprofile verwendet, wobei an der rechten Seite auch innere Temperaturen und an der Innenwelle Lufttemperaturen benutzt werden. Auf der rechten Seite der Abbildung 5.6 ist ein Querschnitt des Berechnungsgitters mit Details der Vernetzung am Rotormantel und am Spalt zwischen Innenwelle und Mittelscheibe gezeigt. Die Parameter des Solvers und wichtige Größen zum Umfang und zur Güte der Vernetzung sind in Tabelle 5.1 zusammengefasst.

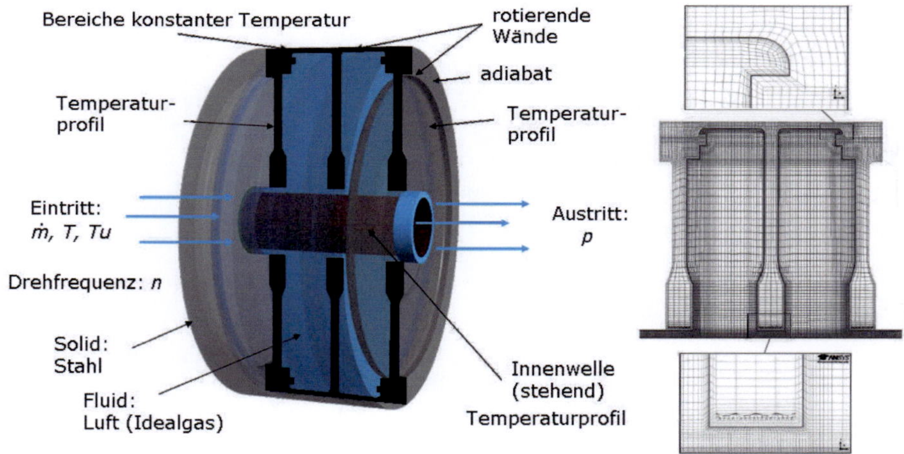

Abbildung 5.6 Links: dreidimensionales Modell mit Randbedingungen zur konjugierten Simulation der Wärmeübertragung an der Mittelscheibe; Rechts: Querschnitt des Berechnungsgitters mit Details der Vernetzung am Rotormantel und am Spalt zwischen Innenwelle und Mittelscheibe [MTU 2011]

Der untersuchte Testfall entspricht einer Messung bei axialer Durchströmung mit $n = 10000\ \mathrm{min}^{-1}$, $\dot{m} = 0{,}20$ kg/s. Die Ähnlichkeitskennzahlen sind $Ro_z = 1{,}20$ und $Gr_r = 1{,}3 \times 10^{13}$, d.h. der Messpunkt liegt im Bereich $0{,}7 < Ro_z < 1{,}5$, vgl. rechtes Diagramm in Abbildung 5.2, in dem Auftriebseffekte den radialen Austausch beeinflussen. In der Kammer entsteht aufgrund der hohen Drehfrequenz bzw. Fliehkraft ein positiver Dichtegradient, der den Austausch reduziert. Das Austauschmassenstromverhältnis beträgt $M = 26\%$ in Kammer K1.

Tabelle 5.1 Parameter des Solvers und der Vernetzung [MTU 2011]

Solver (steady state)		**Vernetzung**	
Software	ANSYS CFX 12.1	Software	ICEM CFD 11
Solid	Stahl	Elemente, gesamt	3.265.020
	c_p = 434 J/(kg K)	Fluid	strukturierter Multiblock
	λ = 15 W/(kg K)		
	ρ = 7854 kg/m³	Elemente, Fluid	2.366.820
Fluid	Luft (Idealgas)	Solid	Hybrid
Interface	1 to 1	Elemente, Solid	898.200
Turbulenzmodell	Menter SST	Determinant min.	0,76
Wandfunktion	Automatic	max. $y+$	12, meist <5
Turbulence	High resolution	Edge length ratio max.	1952
Advection	High resolution		
Fluid timescale	Physical 0,0005 s	Orthogonality angle min.	37,18
Solid timescale	Physical 1 s		

Im folgenden Kapitel werden die Ergebnisse hinsichtlich der Strömung verglichen, bevor im darauffolgenden Kapitel die Ergebnisse bezüglich des Wärmeübergangs diskutiert werden.

5.2.1 Vergleich der Strömung

Die Ergebnisse hinsichtlich der Strömung werden anhand eines Stromlinienverlaufes, des Kernrotationsverhältnisses und des Dichtegradienten verglichen, in denen die sonst für Vergleiche üblichen Größen wie Geschwindigkeiten, Lufttemperatur oder statischer Druck zum Teil enthalten sind.

Die mittlere Grafik in Abbildung 5.7 zeigt in Übereinstimmung mit dem zuvor beschriebenen Strömungsmodell den Verlauf der berechneten Stromlinien in der *r-z*-Ebene. Die Prallströmung an der Nabe und die daraus entstehenden toroidalen Sekundärwirbel in der Kammer, deren Geschwindigkeiten gering sind, können deutlich erkannt werden. Die radiale Ausdehnung des inneren Sekundärwirbels ist in der zweiten Kammer aufgrund des erhöhten Vordralls und der geringeren Dichte geringer als in der ersten Kammer.

Einen Vergleich des lokalen Kernrotationsverhältnisses der CHT Simulation mit dem gemäß Kapitel 4.4 ermittelten, integralen Wert stellt das linke Diagramm in Abbildung 5.7 dar. Der Mittelwert der lokalen Größen entspricht in etwa dem aus Messwerten berechneten integralen Wert. Der Anstieg des lokalen Kernrotationsverhältnisses für x < 0,27 resultiert aus den Eintrittsrandbedingungen im rotierenden Bezugssystem, die eine Zuströmung mit β = 1 zur Folge haben. Im Experiment erfolgte die Zuströmung drallarm. Die CHT Ergebnisse für Kammer K2 sind ähnlich denen in Kammer K1.

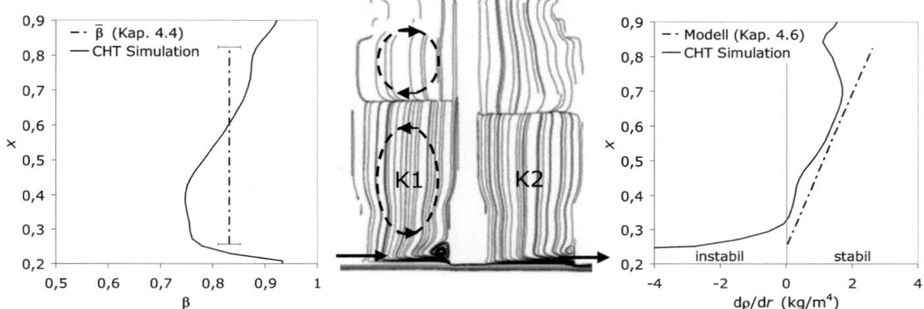

Abbildung 5.7 Links: Vergleich des lokalen Kernrotationsverhältnisses der CHT Simulation in der Mitte von Kammer K1 mit dem integralen Wert gemäß Kapitel 4.4; Mitte: Berechneter Stromlinienverlauf in der *r-z*-Ebene [MTU 2011]; Rechts: Vergleich des Dichtegradienten der CHT Simulation in der Mitte von Kammer K1 mit dem berechneten Wert gemäß Kapitel 4.6

Der Vergleich der Dichtegradienten wird im rechten Diagramm in Abbildung 5.7 präsentiert und zeigt in guter Übereinstimmung zwischen Experiment und Simulation den positiven Dichtegradienten in der Kammer. Die Ergebnisse der CHT Simulation bestätigen die in dieser Arbeit vorgenommenen Annahmen hinsichtlich der Strömungsstruktur und der einfachen Modelle zur Berechung des Kernrotationsverhältnisses und des Dichtegradienten.

5.2.2 Vergleich des Wärmeübergangs

Die Abbildung 5.8 vergleicht für die linke, angeströmte Seite der Mittelscheibe die Ergebnisse der CHT Simulation bezüglich der Oberflächentemperatur und der axialen Wärmestromdichte mit den experimentellen Daten.

Das linke Diagramm der Abbildung 5.8 zeigt die radialen Verläufe der Oberflächentemperatur $T_{w,LS}$, wobei die lokalen Messwerte von einem Polynom vierter Ordnung gemäß Kapitel 4.3.3 approximiert werden. Die Kurvenverläufe von Simulation und Experiment sind ähnlich und die maximale Abweichung beträgt ΔT_w = ±2,2 K bei x = 0,66. Die Unterschiede auf der rechten, nicht angeströmten Seite sind in der gleichen Größenordnung.

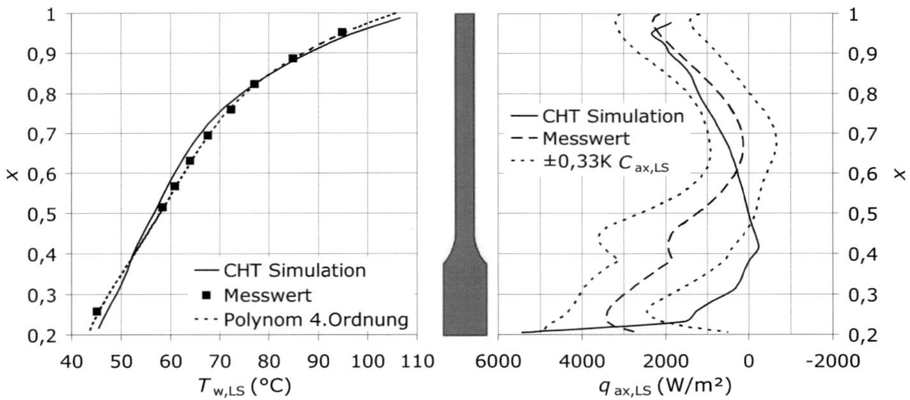

Abbildung 5.8 Vergleich der CHT Simulation mit der Messung auf der linken Seite der Mittelscheibe; Links: Vergleich des radialen Verlaufs der Oberflächentemperatur $T_{w,LS}$ mit Messwerten und Polynom zur Bestimmung der Wärmestromdichten; Rechts: Vergleich des radialen Verlaufs der axialen Wärmestromdichte $q_{ax,LS}$ mit dem absoluten Messwert, Abweichung ($C_{ax,LS}$) infolge der wahrscheinlichen Messunsicherheit ΔT_{wahr} = ±0,33K gemäß Kapitel 4.3.8

Im rechten Diagramm der Abbildung 5.8 sind die radialen Verläufe der axialen Wärmestromdichte verglichen. Bei der aus Oberflächentemperaturen ermittelten Kurve (Messwert) sind zusätzlich die Abweichungen infolge der wahrscheinlichen Messunsicherheit ΔT_{wahr} = ±0,33 K gemäß Kapitel 4.3.8 dargestellt, da hier absolute Größen verglichen werden. Der prinzipielle Verlauf mit einem Maximum im Prallgebiet $x \leq 0{,}25$ und einem Minimum radial weiter außen wird von der Simulation wiedergegeben. Die Verläufe sind im äußeren Scheibenbereich $x > 0{,}5$ ähnlich, wohingegen im inneren Teil deutliche Abweichungen zu erkennen sind. Es ist zu vermuten, dass die Zuströmrandbedingung von β = 1 in der Simulation einen Einfluss auf den Austausch mit der Kammerströmung und somit auf die Wärmestromdichte im inneren Bereich der Scheibe hat.

Die Gegenüberstellung von Oberflächentemperatur und Wärmestromdichte demonstriert, welche hohen Anforderungen an die Temperaturmessung gestellt werden. Im folgenden Kapitel werden die experimentellen Ergebnisse hinsichtlich des Wärmeübergangs bei normaler Temperatursituation vorgestellt.

5.3 Wärmeübergang bei normaler Temperatursituation

Die Messungen bei normaler Temperatursituation, d.h. kalte, axial einströmende Luft und angeschaltete Mantelheizung, entsprechen den Reiseflugbedingungen eines Triebwerks, wo die warmen Verdichterscheiben von der abgezweigten Kühl- und Sperrluft gekühlt werden.

5.3.1 Interpretation anhand des Strömungsmodells

Die Ergebnisse hinsichtlich des Wärmeübergangs werden beispielhaft am Testfall, der bereits beim Vergleich mit der CHT Simulation im vorherigen Kapitel betrachtet wurde, und anhand des Strömungsmodells aus Abbildung 5.5 auf Seite 96 interpretiert.

Oberflächentemperaturen

Anstelle der absoluten Oberflächentemperatur wird eine normierte Temperatur gemäß Gleichung 5.1 verwendet, um geringe Unterschiede in der Eintrittstemperatur und der Rotormanteltemperatur zwischen den Messungen auszugleichen und die Ergebnisse vergleichbar zu machen.

$$\Theta = \frac{T_w - T_i}{T_{w,\max} - T_i} \tag{5.1}$$

Das linke Diagramm in Abbildung 5.9 zeigt die radialen Verläufe der Oberflächentemperatur für die linke Seite Θ_{LS} und die rechte Seite Θ_{RS} der Mittelscheibe. Des Weiteren ist die absolute Temperaturdifferenz zwischen den beiden Seiten $\Delta T_{RS\text{-}LS}$ dargestellt. Aufgrund der guten Wärmeleitung in der Scheibe sind die Temperaturunterschiede im äußeren Bereich $x > 0{,}6$ sehr gering. Der innere Bereich ist beeinflusst von der Prallströmung auf der linken Seite, wodurch die maximale Differenz von $\Delta T_{RS\text{-}LS} = 3{,}6$ K an der Nabenbohrung liegt. Bei axialer Durchströmung ergibt sich ein radial gleichmäßig steigender Temperaturverlauf an der Scheibe. Der wahrscheinliche Fehler der Temperaturdifferenz $\Delta T_{RS\text{-}LS}$ beträgt $\Delta\Delta T_{RS\text{-}LS} = \sqrt{2}\,\Delta T_{wahr} = \pm 0{,}47$ K mit ΔT_{wahr} gemäß Kapitel 4.3.8.

Radiale Wärmestromdichte in der Mittelebene

Die Abweichungen (C_{rad}, $C_{ax,LS}$ und $C_{ax,RS}$) infolge der wahrscheinlichen Messunsicherheit $\Delta T_{wahr} = \pm 0{,}33$ K gemäß Kapitel 4.3.8 müssen beachtet werden, wenn absolute Größen maßgebend sind. Das gilt für Vergleiche von Kurven untereinander aufgrund der gute Reproduzierbarkeit, vgl. Kapitel 4.3.9, nicht. Die zeitliche Streuung der Messwerte während der Messung, vgl. Kapitel 4.3.9, sowie die Positionen der Temperaturmessstellen werden als zusätzliche Informationen in allen Darstellungen der Wärmestromdichten als Fehlerbalken bzw. Symbole gezeigt.

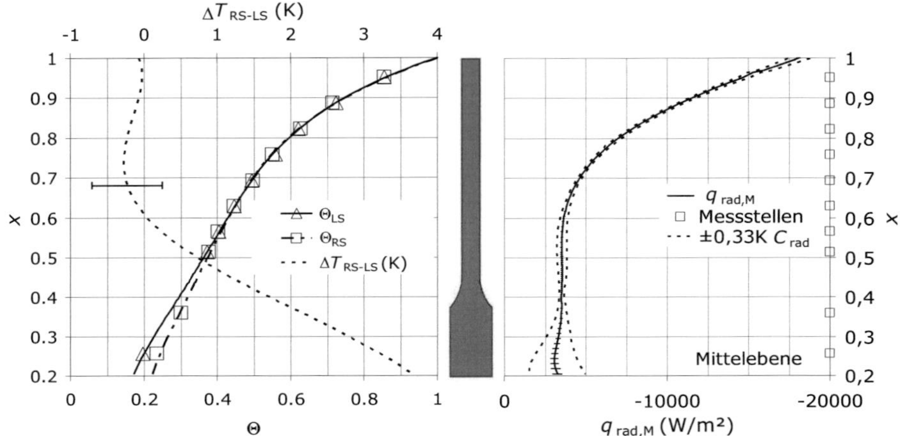

Abbildung 5.9 Ro_z = 1,20, Gr_r = 1,3x10^{13}; Links: Normierte Oberflächentemperaturen der linken Seite Θ_{LS} und der rechten Seite Θ_{RS} der Mittelscheibe, absolute Temperaturdifferenz $\Delta T_{RS\text{-}LS}$; Rechts: radiale Wärmestromdichte $q_{rad,M}$ in der Mittelebene der Mittelscheibe ($q_{rad,M}$ < 0: Mantel → Nabe), Abweichung (C_{rad}) infolge der wahrscheinlichen Messunsicherheit ΔT_{wahr} = ±0,33K gemäß Kapitel 4.3.8, zeitliche Streuung der Messwerte als Fehlerbalken

Die Werte der radialen Wärmestromdichte in der Mittelebene der Scheibe $q_{rad,M}$, siehe rechtes Diagramm in Abbildung 5.9, sind erwartungsgemäß negativ, d.h. der Wärmestrom fließt entgegen der radialen Koordinate vom Rotormantel zur Nabe. Im äußeren Teil der Scheibe x > 0,6 ist der Einfluss des Wärmeeintrags über die Mantelheizung zu erkennen, da dort die Werte stark zunehmen. Im inneren Bereich der Scheibe ist die radiale Wärmestromdichte nahezu konstant. Die Abweichungen infolge der wahrscheinlichen Messunsicherheit sind im äußeren Teil der Scheibe x > 0,4 gering und steigen im inneren Teil aufgrund der geringen Messstellendichte und der Extrapolation deutlich an.

Axiale Wärmestromdichten auf beiden Seiten

Das linke Diagramm in Abbildung 5.10 zeigt den Verlauf der axialen Wärmestromdichte für die linke, angeströmte Seite $q_{ax,LS}$. Der Einfluss der geometrischen Unstetigkeit bei x = 0,39 ist in den Verläufen der Wärmestromdichten zu erkennen. Die Verdickung an der Nabe reduziert die Werte. Das Maximum im radialen Verlauf liegt aufgrund der direkten Kühlung durch die Prallströmung bei x = 0,25. Der Einfluss des radialen Austausches der axialen Durchströmung mit der Kammerströmung nimmt mit dem Radius ab und reicht maximal bis etwa x = 0,68, wo ein Minimum im radialen Verlauf erkennbar ist. Da im mittleren und äußeren Bereich der Kammer die axialen und radialen Geschwindigkeitskomponenten gering sind, bewirkt hauptsächlich der Wärmeeintrag der Mantelheizung eine mit dem Radius steigende Wärmeabfuhr. Im rechten Diagramm in Abbildung 5.10 ist der radiale Verlauf der axialen Wärmestromdichte auf der rechten, nicht angeströmten Seite $q_{ax,RS}$ dargestellt. Im inneren Bereich $x < 0,57$ kommt es aufgrund der Lufterwärmung in Kammer K2 infolge des Wärmeabtransports aus Kammer K1 zu einem Wärmeeintrag in die Scheibe. Im äußeren Bereich in dem kaum Austausch stattfindet, wird die Scheibe ähnlich der angeströmten Seite gekühlt.

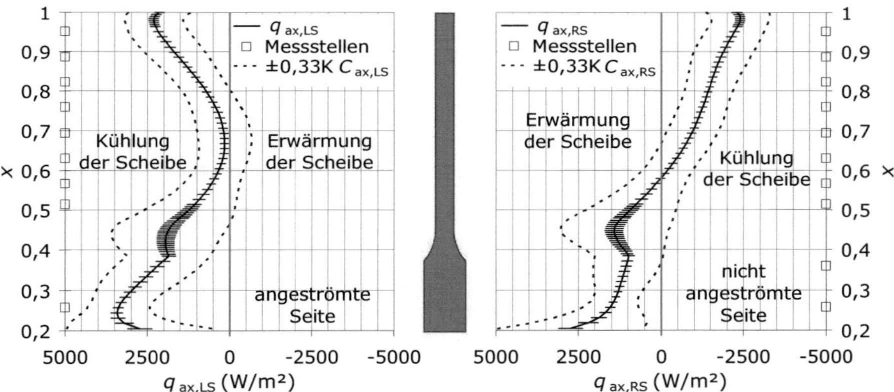

Abbildung 5.10 Ro_z = 1,20, Gr_r = 1,3x10^{13}; Links: axiale Wärmestromdichte der linken, angeströmten Seite $q_{ax,LS}$ mit der Abweichung ($C_{ax,LS}$) infolge der wahrscheinlichen Messunsicherheit ΔT_{wahr} = ±0,33K; Rechts: axiale Wärmestromdichte der rechten, nicht angeströmten Seite $q_{ax,RS}$ mit der Abweichung ($C_{ax,RS}$) infolge der wahr. Messunsicherheit ΔT_{wahr} = ±0,33K; Zeitliche Streuung der Messwerte als Fehlerbalken

Die Orte und Beträge der Extremwerte der axialen Wärmestromdichte (linke Seite der Scheibe: Maxima und Minima, rechte Seite: Nulldurchgang; vgl. Abbildung 5.10) sind in Abbildung 5.11 dargestellt und teilweise in [Günther

2012a] veröffentlicht. Diskussionen der absoluten Werte müssen unter Berücksichtigung der Messunsicherheiten erfolgen.

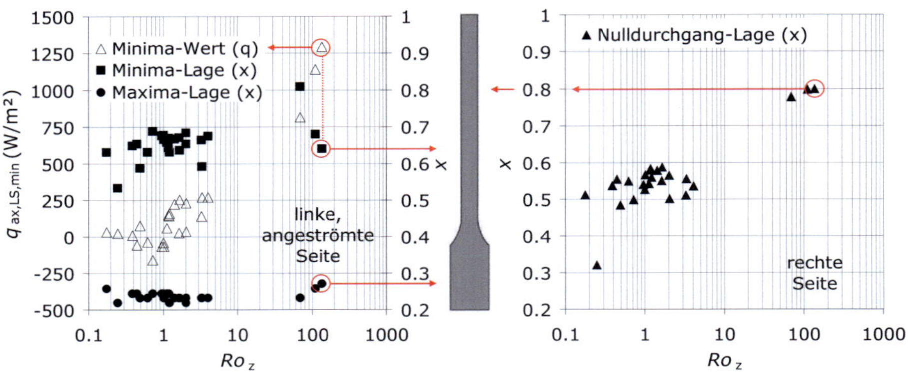

Abbildung 5.11 Links: Lage und Wert der Minima der axialen Wärmestromdichte auf der linken, angeströmten Seite über der Rossby-Zahl; Rechts: Lage des Nulldurchgangs der axialen Wärmestromdichte auf der rechten Seite über der Rossby-Zahl

Im linken Diagramm der Abbildung 5.11 sind die Orte der Maxima und Minima der axialen Wärmestromdichte auf der linken, angeströmten Seite der Scheibe in Abhängigkeit der Rossby-Zahl Ro_z ($\sim Re_z/Re_\phi$) dargestellt. Die Lage des Maximums ist nahezu konstant, wohingegen das Minimum eine leichte Tendenz einer radialen Verschiebung nach außen und einen Anstieg des Betrages mit steigender Rossby-Zahl zeigt. Das Minimum kann als Grenze des Einflusses der prallinduzierten Sekundärströmung in Kammer K1 interpretiert werden und die verstärkt sich bei höheren Durchsätzen bzw. bei niedrigeren Drehfrequenzen. Für Strömungen mit $Ro_z \approx 1$ sind negative Beträge der Minima gemessen worden, d.h. es könnte im Bereich $0{,}5 < x < 0{,}8$ zu einer, auf der mit Kühlluft angeströmten Seite, nicht erwarteten Erwärmung der Scheibe kommen. Diese Richtungsumkehr des Wärmestroms erinnert an die längs angeströmten Platte mit veränderlicher Wandtemperatur aus Kapitel 2.1.7. Ob es sich tatsächlich um einen physikalischen Effekt handelt, kann aufgrund der großen Messunsicherheiten nicht gesagt werden. Da die Ergebnisse der Messungen von [Farthing 1992b], [Burkhardt 2001] und [Patounas 2009] ähnliche Unstetigkeiten zeigen, ist es aber wahrscheinlich.

Im rechten Diagramm der Abbildung 5.11 sind die Orte der Nulldurchgänge der axialen Wärmestromdichte auf der rechten Seite der Scheibe in Abhängigkeit der

Rossby-Zahl Ro_z ($\sim Re_z/Re_\phi$) dargestellt. Die radiale Verschiebung der Nulldurchgänge nach außen für steigende Rossby-Zahlen ist stärker als beim Minimum im linken Diagramm. Der Nulldurchgang kann als Grenze des Einflusses der prallinduzierten Sekundärströmung in Kammer K2 interpretiert werden. Der Unterschied zum Minimum und Kammer K1 kann nur in den Eintrittsbedingungen der Luft (Vordrall, Dichte) begründet sein. Bei größerem Vordrall und geringerer Dichte steigt die radiale Ausdehnung der Sekundärströmung für Strömung mit $Ro_z > 20$. Für Strömungen mit $Ro_z < 20$ haben die Eintrittsbedingungen der Luft keinen Einfluss, da die Minima, d.h. das Einflussgebiet der Sekundärströmung in Kammer K1, weiter außen liegen als die Nulldurchgänge, die das Gebiet in Kammer K2 kennzeichnen.

Die vorangegangenen Betrachtungen zeigen, dass die Ergebnisse der Wärmestromdichten anhand des Strömungsmodells aus Kapitel 5.1.5 interpretiert werden können. In den folgenden Kapiteln werden die Einflüsse der Versuchsparameter: Durchsatz, Drehfrequenz und Eintrittsdruck für die Messungen des Fall 1 gemäß Tabelle 3.2 auf Seite 51 einzeln diskutiert.

5.3.2 Einfluss des axialen Durchsatzes

Im Folgenden wird der Einfluss des axialen Durchsatzes auf die Ergebnisse der Oberflächentemperaturen und der Wärmestromdichten diskutiert. Da die Versuche nicht bei konstantem Kammerdruck, sondern durch Drosselung am Ein- oder Austritt durchgeführt wurden, wird hier ein gemischter Einfluss betrachtet. Der Eintrittsdruck, der in Abbildung 5.12 und Abbildung 5.13 dargestellten Versuche, variiert von 1,1 bar bis 2,4 bar. Die Eintrittstemperatur ist nahezu konstant bei 31°C ±5 K. Die Eintrittsdichte streut gemäß dem idealen Gasgesetz, vgl. Gleichung 2.10, zwischen 1,24 kg/m³ und 2,79 kg/m³.

Die Oberflächentemperatur der Scheibe, im linken Diagramm in Abbildung 5.12 dargestellt, sinkt mit steigendem Durchsatz aufgrund der verstärkten Wärmeabfuhr und der ausgleichenden Wärmeleitung.

Der Bereich, in dem die radiale Wärmestromdichte in der Mittelebene, siehe rechtes Diagramm in Abbildung 5.12, nahezu konstant ist, wird für steigenden Durchsatz aufgrund der stärkeren Sekundärströmung radial nach außen vergrößert. Die Werte steigen für $x > 0,7$ stark an, da der Wärmeeintrag der Mantelheizung mit steigendem Durchsatz erhöht werden musste, um die geforderte Temperatur von 100°C konstant zu halten.

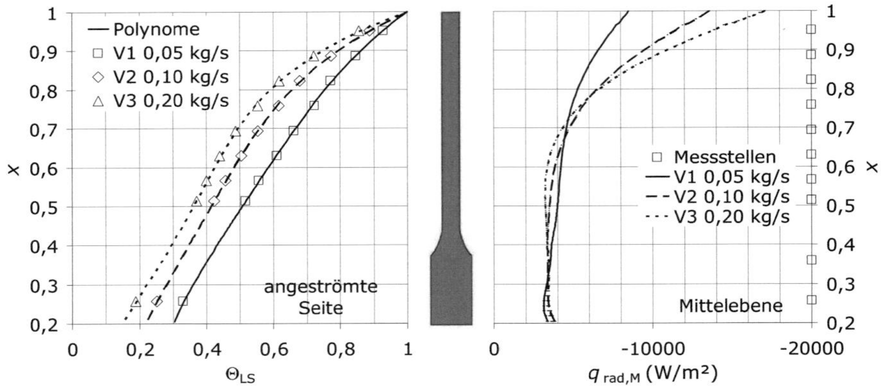

Abbildung 5.12 Einfluss des axialen Durchsatzes bei konstanter Drehfrequenz von n = 8500 min^{-1}: V1 (Ro_z = 0,73, Gr_r = 1,5x10^{12}), V2 (Ro_z = 1,13, Gr_r = 2,5x10^{12}), V3 (Ro_z = 1,42, Gr_r = 7,3x10^{12}); Links: Normierte Oberflächentemperaturen der linken, angeströmten Seite Θ_{LS}; Rechts: radiale Wärmestromdichten $q_{rad,M}$ in der Mittelebene der Scheibe

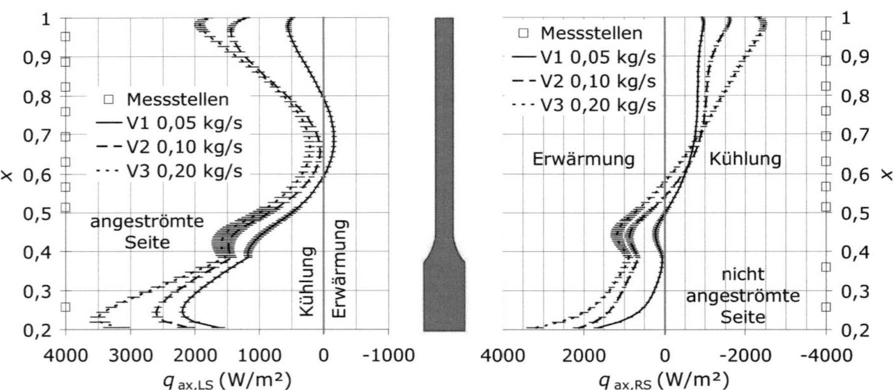

Abbildung 5.13 Einfluss des axialen Durchsatzes auf die axialen Wärmestromdichten bei konstanter Drehfrequenz von n = 8500 min^{-1}: V1 (Ro_z = 0,73, Gr_r = 1,5x10^{12}), V2 (Ro_z = 1,13, Gr_r = 2,5x10^{12}), V3 (Ro_z = 1,42, Gr_r = 7,3x10^{12}); zeitliche Streuung der Messwerte als Fehlerbalken; Links: linke, angeströmte Seite $q_{ax,LS}$; Rechts: rechte, nicht angeströmte Seite $q_{ax,RS}$

Die axiale Wärmestromdichte der linken, angeströmten Seite, im linken Diagramm der Abbildung 5.13 präsentiert, steigt auf der gesamten Scheibe bei höherem Durchsatz, d.h. die Kühlung wird infolge der stärkeren Prall- und Sekundärströmung intensiviert. Ein Anstieg der Werte ist vor allem im Prallgebiet und am äußeren Teil der Scheibe bedingt durch den steigenden Wärmeeintrag der Mantelheizung zu erkennen.

Im rechten Diagramm der Abbildung 5.13, das die axiale Wärmestromdichte der rechten Seite zeigt, wird deutlich, dass mit steigendem Durchsatz der Wärmeeintrag durch das Rezirkulationsgebiet im inneren Bereich steigt. Im äußeren Bereich ist vergleichbar mit der angeströmten Seite eine verstärkte Kühlung zu beobachten. Die zeitlichen Schwankungen der Messwerte können als Maß für die Instabilitäten interpretiert werden. Sie sind als Fehlerbalken dargestellt und nehmen mit steigendem Durchsatz zu.

5.3.3 Einfluss der Drehfrequenz

Der Einfluss der Drehfrequenz ist geringer als der Einfluss des Durchsatzes.

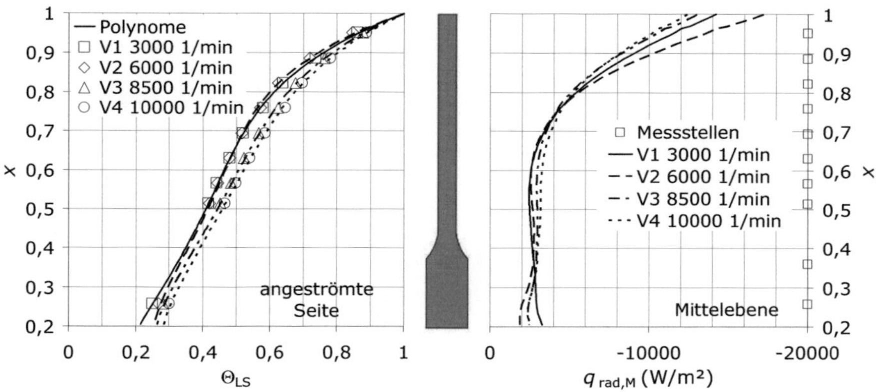

Abbildung 5.14 Einfluss der Drehfrequenz bei konstantem Durchsatz von $\dot{m}$ = 0,12 kg/s: V1 (Ro_z = 1,22, Gr_r = 4,7x10^{11}), V2 (Ro_z = 0,63, Gr_r = 7,5x10^{12}), V3 (Ro_z = 0,45, Gr_r = 3,0x10^{13}), V4 (Ro_z = 0,38, Gr_r = 4,6x10^{13}); Links: Normierte Oberflächentemperaturen der linken, angeströmten Seite Θ_{LS}; Rechts: radiale Wärmestromdichten $q_{rad,M}$ in der Mittelebene der Scheibe

Die Oberflächentemperatur der Scheibe, im linken Diagramm in Abbildung 5.14 dargestellt, steigt gleichmäßig über dem Radius mit steigender Drehfrequenz aufgrund der Reibung.

Die radiale Wärmestromdichte in der Mittelebene, siehe rechtes Diagramm in Abbildung 5.14, variiert mit der Drehfrequenz, wobei drei Bereiche identifiziert werden können. Das Prallgebiet $x < 0{,}35$ zeigt für $n = 6000\ \text{min}^{-1}$ eine deutliche Abnahme der Werte. Im mittleren Gebiet $0{,}35 < x < 0{,}75$ steigt der Betrag mit steigender Drehfrequenz. Die größten Werte im äußeren, dritten Gebiet $x > 0{,}75$, das vom Wärmeeintrag der Strahlungsheizung beeinflusst wird, zeigt wieder die Messung mit $n = 6000\ \text{min}^{-1}$.

Der Unterschied der Werte mit $n = 6000\ \text{min}^{-1}$ zu den anderen ist auch in den Verläufen der axialen Wärmestromdichten, in Abbildung 5.15 gezeigt, sichtbar.

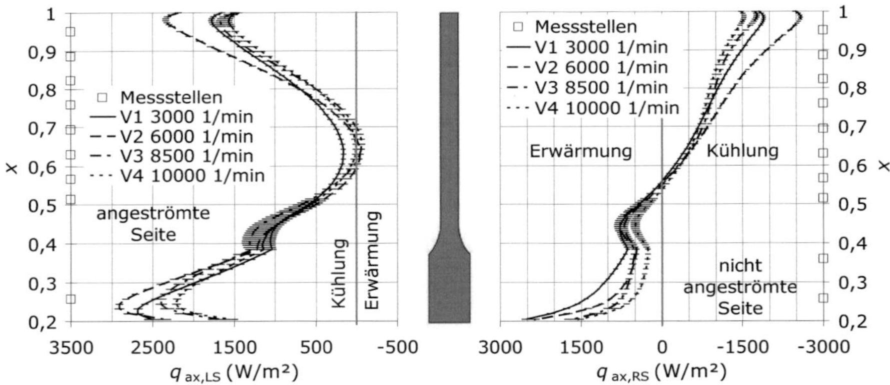

Abbildung 5.15 Einfluss der Drehfrequenz auf die axiale Wärmestromdichte bei konstantem Durchsatz von $\dot{m} = 0{,}12$ kg/s: V1 ($Ro_z = 1{,}22$, $Gr_r = 4{,}7\text{x}10^{11}$), V2 ($Ro_z = 0{,}63$, $Gr_r = 7{,}5\text{x}10^{12}$), V3 ($Ro_z = 0{,}45$, $Gr_r = 3{,}0\text{x}10^{13}$), V4 ($Ro_z = 0{,}38$, $Gr_r = 4{,}6\text{x}10^{13}$); zeitliche Streuung der Messwerte als Fehlerbalken; Links: linke, angeströmte Seite $q_{ax,LS}$; Rechts: rechte, nicht angeströmte Seite $q_{ax,RS}$

In Strömungen mit Rossby-Zahlen $Ro_z < 1{,}5$, bei denen auftriebsinduzierte Strömungen den Austauschmassenstrom beeinflussen, kommt es, wie in Kapitel 5.1.3 gezeigt, bei hohen Drehfrequenzen zu einer stabilen Dichteschichtung in der Kammer und somit zu einer Reduzierung des radialen Austausches. Diese Stabilisierung der Strömung bei hohen Drehfrequenzen bewirkt, dass die Werte der axialen Wärmestromdichten vor allem im Prallgebiet und im äußeren

Scheibenbereich für mittlere Drehfrequenzen am höchsten sind. Bei niedrigen Drehfrequenzen sind Auftriebsströmungen schwächer, dafür steigt der Einfluss der prallinduzierten Sekundärströmung, wie im rechten Diagramm in Abbildung 5.15 für $x < 0{,}4$ deutlich wird, da der Wärmeeintrag für $n = 3000\ \text{min}^{-1}$ am größten ist.

5.3.4 Einfluss des Eintrittsdrucks

Im Vergleich zum Durchsatz und der Drehfrequenz ist der Einfluss des Eintrittsdrucks auf die Oberflächentemperaturen und die Wärmestromdichten, die in Abbildung 5.16 und Abbildung 5.17 dargestellt sind, am stärksten. Mit steigendem Druck steigt auch die Eintrittsdichte, weshalb der Volumenstrom bzw. die axiale Eintrittsgeschwindigkeit entsprechend abnehmen. Aufgrund des geringeren axialen Massenstromimpulses verringert sich bei hohem Druck die Prallströmung und die daraus resultierenden Sekundärwirbel. Dadurch nimmt die Kühlung im angeströmten Bereich der Scheibe ab.

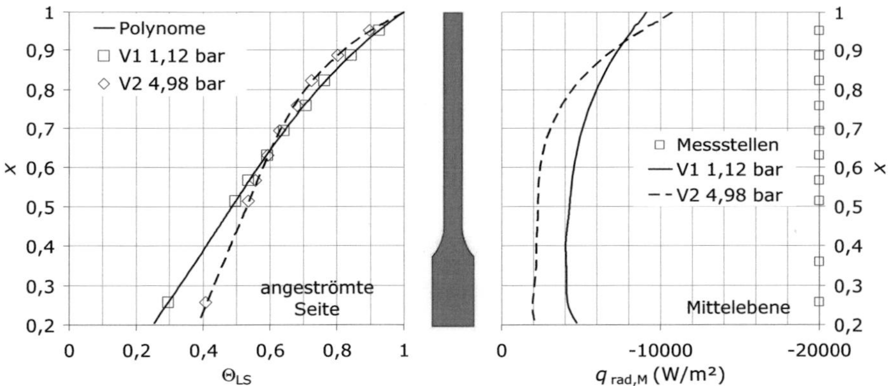

Abbildung 5.16 Einfluss des Eintrittsdrucks auf die axiale Wärmestromdichte bei konstantem Durchsatz von $\dot{m} = 0{,}05$ kg/s und konstanter Drehfrequenz $n = 3000\ \text{min}^{-1}$: V1 ($Ro_z = 2{,}06$, $Gr_r = 3{,}2\text{x}10^{10}$), V2 ($Ro_z = 0{,}50$, $Gr_r = 3{,}3\text{x}10^{11}$); Links: Normierte Oberflächentemperaturen der linken, angeströmten Seite Θ_{LS}; Rechts: radiale Wärmestromdichten $q_{rad,M}$ in der Mittelebene der Scheibe

Diese verringerte Kühlung zeigen die Ergebnisse für $x < 0{,}65$ der Messung mit hohem Druck z.B. in der Zunahme der Wandtemperatur im linken Diagramm der Abbildung 5.16 oder der Abnahme der axialen Wärmestromdichte der angeströmten Seite im linken Diagramm der Abbildung 5.17. Auch die Ergebnisse für x < 0,9 der radialen Wärmestromdichte, im rechten Diagramm der Abbildung 5.16 dargestellt, und der axialen Wärmestromdichte der rechten Seite, im rechten Diagramm der Abbildung 5.17 präsentiert, verdeutlichen, dass die Gesamtkühlung, deren Hauptanteil durch die Prallkühlung passiert, mit steigendem Druck abnimmt. Die Ergebnisse im äußeren Teil der Scheibe sind von der Strahlungsheizung und dem radialen Strömungsaustausch beeinflusst.

Der radiale Austausch infolge auftriebsinduzierter Strömungen verstärkt sich gemäß den berechneten Austauschmassenstromverhältnissen aus Kapitel 5.1.2 bei niedrigen axialen Geschwindigkeiten bzw. einer niedrigen Rossby-Zahl, wie es für die Messung mit hohem Druck der Fall ist. Dadurch müsste es mit steigendem Druck zu einer stärkeren Kühlung am äußeren Teil der Scheibe kommen. Die Ergebnisse für x > 0,65 bestätigen das und zeigen sowohl eine Zunahme der axialen Wärmestromdichte der angeströmten Seite im linken Diagramm der Abbildung 5.17 als auch die daraus resultierende Abnahme der Temperatur im linken Diagramm der Abbildung 5.16.

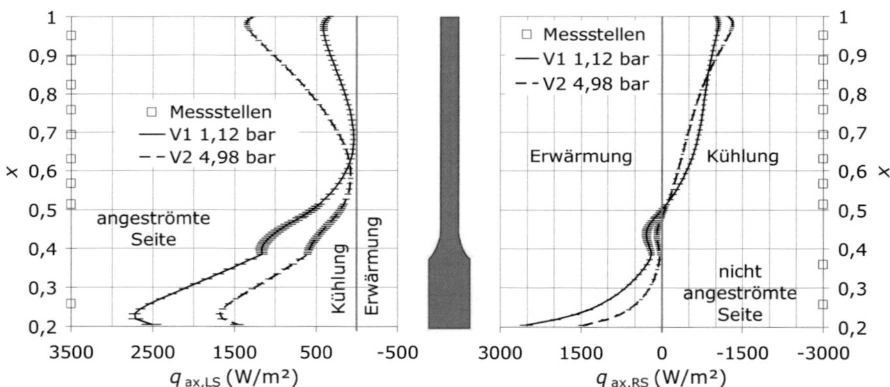

Abbildung 5.17 Einfluss des Eintrittsdrucks auf die axiale Wärmestromdichte bei konstantem Durchsatz von $\dot{m}$ = 0,05 kg/s und konstanter Drehfrequenz n = 3000 min^{-1}: V1 (Ro_z = 2,06, Gr_r = 3,2x10^{10}), V2 (Ro_z = 0,50, Gr_r = 3,3x10^{11}); zeitliche Streuung der Messwerte als Fehlerbalken; Links: linke, angeströmte Seite $q_{ax,LS}$; Rechts: rechte, nicht angeströmte Seite $q_{ax,RS}$

Nachdem die Einflüsse der variierten Versuchsparameter geklärt sind, werden im folgenden Kapitel die ermittelten Wärmestromdichten mit Korrelationen aus der Literatur für rotierende Kammern, freie Scheibe und Prallstrahl verglichen.

5.3.5 Vergleich mit Korrelationen aus der Literatur

Ein Vergleich mit Korrelationen aus der Literatur kann anhand der lokalen Nusselt-Zahl gemäß Gleichung 5.2 erfolgen, wobei vereinfachend die Eintrittstemperatur als Referenztemperatur gewählt wird. Das führt, wie in den Kapiteln 2.1.7 und 4.3.9 bereits ausgeführt, zu physikalisch, nicht sinnvollen Werten. Ein Vergleich wird daher nur für die angeströmte Seite durchgeführt, da auf der nicht angeströmten Seite immer ein Nulldurchgang im radialen Verlauf der axialen Wärmestromdichte vorhanden ist, der zu negativen Nusselt-Zahlen führt.

$$Nu_r = \frac{q_{ax}\, r}{\lambda_f \left(T_w - T_i\right)} \tag{5.2}$$

Für den Vergleich wurde eine Messung mit hohem Durchsatz ($\dot{m}$ = 0,20 kg/s) und niedriger Drehfrequenz (n = 3000 min^{-1}) gewählt, entsprechend Ro_z = 4,07 und Gr_r = 7,4x10^{10}, damit Auftriebseffekte möglichst gering sind und die Prallströmung nicht zu stark von der Drehfrequenz beeinflusst wird.

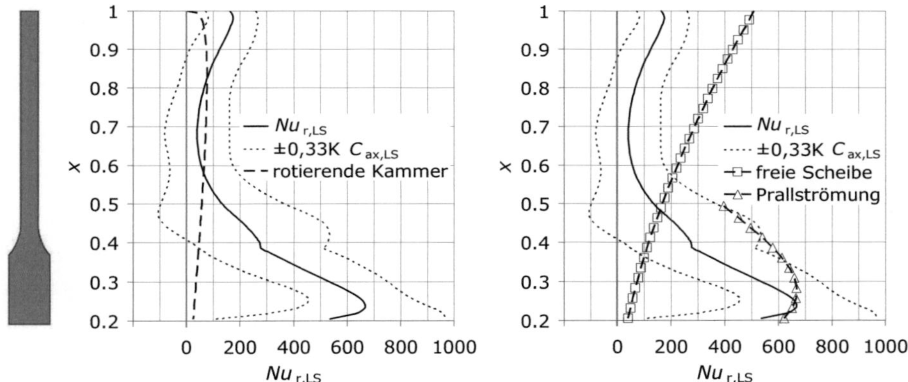

Abbildung 5.18 Vergleich der lokalen Nusselt-Zahl an der linken, angeströmten Seite mit Korrelationen aus der Literatur an einem Testfall mit hohem Durchsatz $\dot{m}$ = 0,20 kg/s und niedriger Drehfrequenz n = 3000 min^{-1} (Ro_z = 4,07, Gr_r = 7,4x10^{10}); Links: Korrelation nach [Farthing 1992a] für eine rotierende Kammer; Rechts: Korrelationen nach [Dorfman 1963] für eine freie Scheibe mit 1-$\overline{\beta}$ und nach [Hofmann 2005] für einen Prallstrahl; Messunsicherheiten gemäß Kapitel 4.3.8

Korrelation für rotierende Kammern mit axialer Durchströmung

Der Vergleich mit der einzigen, dem Autor bekannten, Korrelation in rotierenden Kammern mit axialem Durchsatz gemäß Gleichung 2.65 von [Farthing 1992b] ist im linken Diagramm der Abbildung 5.18 dargestellt. Es zeigt sich, dass die Werte der lokalen Nusselt-Zahl im mittleren Bereich der Scheibe $0{,}55 < x < 0{,}85$ ähnlich sind. Die Einflüsse sowohl eines beheizten Mantels ($x > 0{,}85$) als auch des Prallbereichs im inneren Teil der Scheibe ($x < 0{,}55$) und das daraus resultierende Minimum im radialen Verlauf werden von den Ergebnissen der Korrelation nicht wiedergegeben. Diese Feststellung gilt auch für Vergleiche mit anderen Werten für Durchsatz und Drehfrequenz. Das linke Diagramm der Abbildung 5.10 zeigt, dass ein Minimum im radialen Verlauf der axialen Wärmestromdichte bzw. der lokalen Nusselt-Zahl auf der angeströmten Seite auch unter Berücksichtigung der Messunsicherheiten wahrscheinlich ist.

Korrelation für freie, rotierende Scheiben

Im rechten Diagramm der Abbildung 5.18 sind Vergleiche mit Korrelationen einer freien Scheibe und einem runden Prallstrahl dargestellt. Die Korrelation für die freie Scheibe nach [Dorfman 1963] gemäß den Gleichungen 2.47, 2.51 und 2.52 wurde mit der Relativgeschwindigkeit zwischen Scheibe und Strömung $1-\overline{\beta} = 0{,}17$ und einem mit der Eintrittstemperatur gebildeten und auf die gemessene Oberflächentemperatur angepassten Differenztemperaturverlauf gemäß Gleichung 2.50 berechnet. Aufgrund der geringen Relativgeschwindigkeiten würde sich im Bereich $0{,}72 < x < 0{,}82$ ein Umschlag von laminarer zu turbulenter Strömung ergeben, da die Strömung in der Kammer hinsichtlich der absoluten Geschwindigkeiten aber turbulent ist, wird auch für den inneren Teil der Scheibe die Korrelation für eine turbulente Strömung verwendet. Es zeigt sich, dass im äußeren Teil der Scheibe $x > 0{,}8$ der Anstieg der lokalen Nusselt-Zahl in beiden Kurven ähnlich ist. Die Werte und somit der Wärmeübergang an der Scheibe werden aufgrund der Annahme einer konstanten Außentemperatur, die hier der Eintrittstemperatur entspricht, aber deutlich überschätzt.

Korrelation für stationäre, runde Prallstrahlen

Die Korrelation nach [Hofmann 2005] gemäß Gleichung 5.3 für einen runden, stationären Prallstrahl wird für den Ringstrahl mit dem hydraulischen Durchmesser d_h gebildet. Die Korrelation gilt gemäß dem angegebenen Gültigkeitsbereich für $x < 0{,}49$.

$$Nu_r = \mathrm{Pr}^{0,42} \left(\mathrm{Re}_z^3 + 10\,\mathrm{Re}_z^2\right)^{0,25} 0{,}055\, e^{-0,025(r/d_h)} \frac{r}{d_h} \tag{5.3}$$

Der Wert im Prallgebiet bei x = 0,25, im rechten Diagramm der Abbildung 5.20 dargestellt, stimmt sehr gut mit der Korrelation überein, wobei dies nur für niedrige Drehfrequenzen gilt. Mit steigendem Einfluss der Rotation wird der Wärmeübergang an der rotierenden Scheibe im Prallgebiet geringer und die Abweichung zur Korrelation steigt, so beträgt z.B. bei $x = 0{,}25$ für n = 10000 min^{-1} die lokale Nusselt-Zahl Nu_r = 423.

Die vorangegangenen Betrachtungen der Ergebnisse bei normaler Temperatursituation und die Vergleiche mit Korrelationen aus der Literatur verdeutlichen den komplexen Charakter der Strömung und deren Einfluss auf den Wärmeübergang. Im folgenden Kapitel werden Ergebnisse mit inverser Temperatursituation, d.h. mit warmer, axial eintretender Luft und ausgeschalteter Mantelheizung vorgestellt, wobei zunächst der Einfluss der Eintrittstemperatur betrachtet wird.

5.4 Messung bei inverser Temperatursituation

Die Messungen bei inverser Temperatursituation, d.h. warme, axial einströmende Luft und ausgeschaltete Mantelheizung, entsprechen den Startbedingungen eines Triebwerks, wo die kalten Verdichterscheiben von der verdichteten „Kühlluft" erwärmt werden.

5.4.1 Einfluss der Eintrittstemperatur

Die Eintrittstemperatur T_i beeinflusst, wie auch der Eintrittsdruck, vgl. Kapitel 5.3.4, die Dichte der Zuströmung und somit den Volumenstrom bzw. die Eintrittsgeschwindigkeit. Mit steigender Temperatur nimmt der Massenstromimpuls zu, wodurch die Prallströmung und die daraus entstehenden Sekundärwirbel verstärkt werden. Bei inverser Temperatursituation steigt die Dichte mit zunehmendem Radius, d.h. die Dichtegradienten sind positiv. Das führt zu einer stabilen Dichteschichtung im Fliehkraftfeld und verringert dadurch Instabilitäten in der Strömung. Die radialen Oberflächentemperaturprofile der Scheibe können bei ausgeschalteter Mantelheizung durch unterschiedliche Eintrittstemperaturen von radial ansteigend bis radial fallend variiert werden. Unterschiede im Wärmeübergang infolge variierter Wandtemperaturprofile wurden z.B. von [Farthing 1992a] und [Johnson 2004] veröffentlicht.

Die Ergebnisse einer Variation der Eintrittstemperatur $29°C < T_i < 105°C$ für eine Messung mit n = 6000 min^{-1} und $\dot{m}$ = 0,05 kg/s sind in Abbildung 5.19 und Abbildung 5.20 dargestellt.

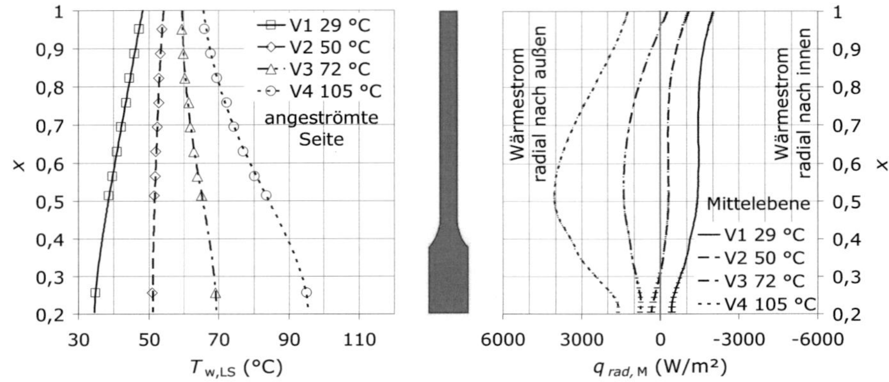

Abbildung 5.19 Einfluss der Eintrittstemperatur bei konstantem Durchsatz von $\dot{m}$ = 0,05 kg/s, konstanter Drehfrequenz n = 6000 min^{-1} (0,94 < Ro_z < 1,09) und ausgeschalteter Mantelheizung; Links: Oberflächentemperaturen der linken, angeströmten Seite $T_{w,LS}$; Rechts: radiale Wärmestromdichten in der Mittelebene $q_{rad,M}$

Die Wandtemperaturverläufe, die sich aufgrund der Wärmetransportbedingungen (Leitung, Konvektion und Strahlung) und der Reibung bei n = 6000 min^{-1} natürlich ergeben, sind im linken Diagramm der Abbildung 5.19 für die linke, angeströmte Seite dargestellt. Es werden absolute Werte betrachtet, da eine Normierung gemäß Gleichung 5.1 hier keinen Sinn macht. Die Temperatur am Rotormantel (x = 1) bei ausgeschalteter Heizung und kalter Zuströmung (T_i = 29°C) beträgt aufgrund der Reibung etwa 48°C. Sie nimmt mit steigender Eintrittstemperatur infolge der Wärmeübertragung am Mantel weiter zu. Die Temperaturdifferenz zwischen der Lufteintrittstemperatur und der Wandtemperatur an der Nabe (x = 0,21) wechselt für T_i ≈ 50°C das Vorzeichen, d.h. für niedrigere Eintrittstemperaturen ist die Scheibe infolge der Reibung und der Wärmetransportbedingungen wärmer als die Luft.

Im rechten Diagramm der Abbildung 5.19 sind die Verläufe der radialen Wärmestromdichte $q_{rad,M}$ in der Mittelebene der Scheibe dargestellt. Bei einer Eintrittstemperatur T_i > 50°C erfolgt eine Umkehr der Wärmestromrichtung, wobei für die inverse Temperatursituation (T_i = 105°C) das Maximum der radialen Wärmestromdichte bei x = 0,5 auftritt. Die Beträge von $q_{rad,M}$ sind im Vergleich zu denen bei normaler Temperatursituation deutlich geringer.

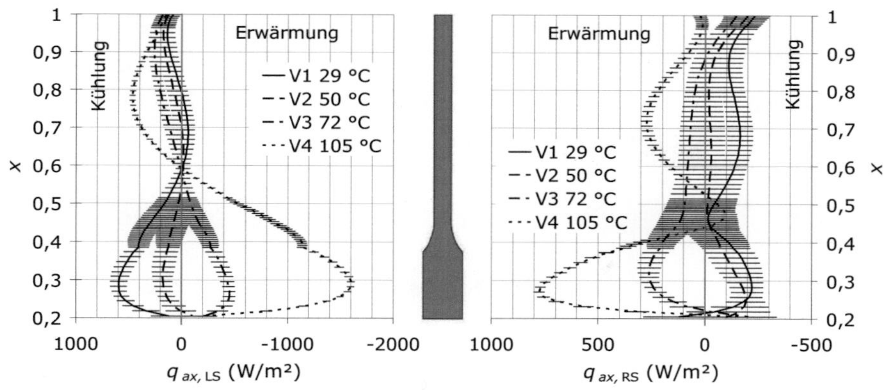

Abbildung 5.20 Einfluss der Eintrittstemperatur auf die axialen Wärmestromdichten bei konstantem Durchsatz von $\dot{m}$ = 0,05 kg/s, konstanter Drehfrequenz n = 6000 min^{-1} (0,94 < Ro_z < 1,09) und ausgeschalteter Mantelheizung, zeitliche Streuung der Messwerte als Fehlerbalken; Links: linke, angeströmte Seite $q_{ax,LS}$; Rechts: rechte Seite $q_{ax,RS}$

Die zeitliche Streuung der Messwerte ist als Fehlerbalken in Abbildung 5.20 dargestellt. Mit steigender Eintrittstemperatur sinkt die Streuung, da auftriebsinduzierte Instabilitäten aufgrund des größer werdenden, positiven Dichtegradienten schwächer werden.

Im linken Diagramm der Abbildung 5.20 ist die axiale Wärmestromdichte der linken, angeströmten Seite dargestellt. In der Umkehr der Wärmestromrichtung für x < 0,6 ist der direkte Einfluss der Prallströmung bei steigender Eintrittstemperatur zu sehen. Bei der inversen Temperatursituation (T_i = 105°C) wird der äußere Bereich der Scheibe (x > 0,6) auf der mit warmer Luft angeströmten Seite infolge der verstärkten prallinduzierten Sekundärströmung gekühlt. Es bildet sich ein äußerer, toroidaler Wirbel, vgl. das Strömungsmodell in Abbildung 5.5 auf Seite 96, der in diesem Fall kältere Luft vom Rotormantel an die Scheibe transportiert.

Auf der rechten Seite der Scheibe, siehe rechtes Diagramm in Abbildung 5.20, befördern beide, innerer und äußerer Sekundärwirbel, warmes Fluid an die Scheibe. Bei der Messung mit niedriger Eintrittstemperatur (T_i = 29°C) und ausgeschalteter Mantelheizung ist der Wärmeaustrag in der Prallströmung bzw. die Temperaturerhöhung der Strömung nach der ersten Kammer so gering, dass im Gegensatz zu den Messungen bei normaler Temperatursituation auch der innere Teil der Scheibe auf der rechten Seite von der rezirkulierten Prallströmung der zweiten Kammer gekühlt wird.

Im folgenden Kapitel soll der Einfluss der Drehfrequenz und des Durchsatz bei inverser Temperatur beleuchtet werden.

5.4.2 Einflüsse der Drehfrequenz und des Durchsatzes

Die Ergebnisse einer Variation der Drehfrequenz und des Durchsatzes auf den Wärmeübergang bei inverser Temperatursituation sind in der Abbildung 5.21 und Abbildung 5.22 dargestellt. Eine ausreichende Kühlung des Rotormantels von außen über die Ringkammern, vgl. Abbildung 3.2 auf Seite 45, um die Wandtemperatur am Rotormantel gegen die Erwärmung durch Reibung konstant zu halten, war nicht möglich. In den Messungen beträgt die Temperaturdifferenz zwischen Rotormantel und Lufteintritt: 56°C (V1), 63°C (V2) und 39°C (V3). Am Versuchsstand können zur Untersuchung radial abnehmender Wandtemperaturprofile aufgrund der Wärmeübertragung keine Drehfrequenzen n > 6000 min^{-1} und Durchsätze $\dot{m}$ > 0,05kg/s gemessen werden.

Einfluss der Drehfrequenz

Der Vergleich der Ergebnisse von V2 (3000 min^{-1}) und V3 (6000 min^{-1}) in Abbildung 5.21 und Abbildung 5.22 erlaubt Aussagen zum Einfluss der Drehfrequenz auf die Oberflächentemperaturen und die Wärmestromdichten.

Die radiale Wärmestromdichte, im rechten Diagramm in Abbildung 5.21 dargestellt, wird infolge der erhöhten Reibung besonders am Rotormantel und aufgrund der reduzierten Sekundärströmung in der Kammer mit steigender Drehfrequenz kleiner.

Daraus resultiert, dass die Oberflächentemperaturen, im linken Diagramm in Abbildung 5.21 dargestellt, mit der Drehfrequenz steigen, wobei der Temperaturanstieg radial nach außen zunimmt.

Dass die prallinduzierte Sekundärströmung infolge einer Fliehkraftzunahme reduziert wird, zeigen auch die geringeren Beträge der axialen Wärmestromdichten von V3 im Vergleich zu den Werten von V2 in Abbildung 5.22. Diese Abnahme ist in beiden Diagrammen bzw. auf beiden Seiten der Scheibe präsent, wobei die prinzipiellen Verläufe der axialen Wärmestromdichten sich nicht ändern. Die Streuung der Messwerte, als Fehlerbalken in Abbildung 5.22 dargestellt, bzw. die Instabilitäten der Strömung werden mit steigender Drehfrequenz kleiner.

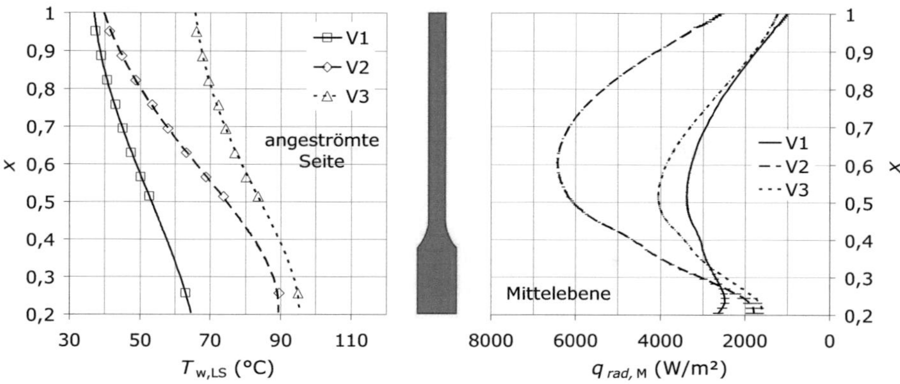

Abbildung 5.21 Einfluss der Drehfrequenz und des Durchsatzes auf die axiale Wärmestromdichte bei inverser Temperatursituation: V1 (0,01 kg/s, 3000 min^{-1}, Ro_z = 0,58), V2 (0,05 kg/s, 3000 min^{-1}, Ro_z = 2,22), V3 (0,05 kg/s, 6000 min^{-1}, Ro_z = 1,09); Links: Oberflächentemperaturen der linken, angeströmten Seite $T_{w,LS}$; Rechts: radiale Wärmestromdichte in der Mittelebene $q_{rad,M}$

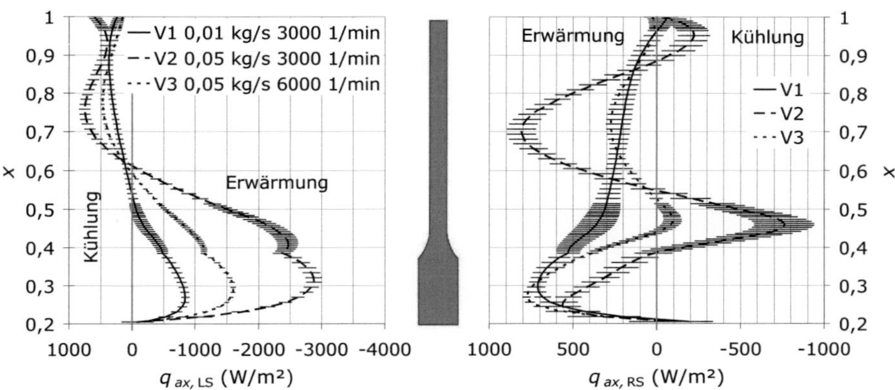

Abbildung 5.22 Einfluss der Drehfrequenz und des Durchsatzes auf die axiale Wärmestromdichte bei inverser Temperatursituation: V1 (Ro_z = 0,58), V2 (Ro_z = 2,22), V3 (Ro_z = 1,09), Streuung der Messwerte als Fehlerbalken; Links: linke, angeströmte Seite $q_{ax,LS}$; Rechts: rechte, nicht angeströmte Seite $q_{ax,RS}$

Einfluss des Durchsatzes

Zur Untersuchung des Einflusses des axialen Durchsatzes auf die Oberflächentemperaturen und die Wärmestromdichten werden in Abbildung 5.21 und Abbildung 5.22 die Ergebnisse von V1 (0,01 kg/s) und V2 (0,05 kg/s) verglichen.

Bei erhöhtem Durchsatz wird die prallinduzierte Sekundärströmung verstärkt. Die Verläufe der axialen Wärmestromdichte auf der angeströmten Seite, im linken Diagramm in Abbildung 5.22 dargestellt, zeigen für V2 größere Beträge als für V1. Der Nulldurchgang verschiebt sich radial nach außen.

Der radiale Verlauf der axialen Wärmestromdichte auf der rechten Seite der Scheibe, vgl. rechtes Diagramm der Abbildung 5.22, ändert sich grundlegend zwischen V1 und V2. Infolge der Wärmeübertragung durch verstärkte Sekundärströmung in der ersten Kammer, sinkt die Eintrittstemperatur in der zweiten Kammer so stark, dass für V2 auf der rechten Seite der Scheibe ein Kühlungsbereich bei $0{,}4 < x < 0{,}55$ entsteht.

Die radiale Wärmestromdichte in der Mittelebene der Scheibe, siehe rechtes Diagramm in Abbildung 5.21, erhöht sich mit steigendem Durchsatz aufgrund der verstärkten seitlichen Wärmeübertragung, wobei sich das Maximum radial nach außen verschiebt.

Die Oberflächentemperaturen, im linken Diagramm in Abbildung 5.21 dargestellt, steigen infolgedessen auch mit zunehmendem Durchsatz, wobei der Temperaturanstieg radial nach außen abnimmt. Die Streuung der Messwerte, als Fehlerbalken in Abbildung 5.22 dargestellt, bzw. die Instabilitäten der Strömung sind bei beiden Durchsätzen ähnlich.

Der Einfluss des Durchsatzes auf die Wärmestromdichten ist verglichen mit dem Einfluss der Drehfrequenz stärker. Die Ergebnisse insgesamt verdeutlichen, dass bei inverser Temperatursituation die prallinduzierte Sekundärströmung die Wärmeübertragung zwischen Scheibe und Strömung dominiert und Instabilitäten aufgrund eines positiven Dichtegradienten gering sind. Es können sich sowohl auf der mit warmer Luft angeströmten Seite, als auch auf der nicht direkt angeströmten Seite Kühlungsgebiete ergeben.

Nachdem die thermisch stationären Ergebnisse der Versuche mit axialer Durchströmung präsentiert sind, wird im folgenden Kapitel der instationäre Umschlag von normaler zu inverser Temperatursituation bei sonst konstanten Bedingungen betrachtet.

5.5 Messung bei instationärer Temperatursituation

Die Messung erfolgte mit dem, bereits in den Kapiteln 5.1.2 und 5.1.3 dargelegten, interessanten Fall bei Ro_z = 1,02 ($\dot{m}$ = 0,05 kg/s, n = 6000 min^{-1}). Die Versuchsbedingungen und die Durchführung des Umschaltens von normaler Temperatursituation, d.h. kalte, axial einströmende Luft und beheizter Rotormantel, zu inverser Temperatursituation, d.h. warme, axial einströmende Luft und ausgeschaltete Mantelheizung, sind in Kapitel 3.2 beschrieben. Die hier genutzte schnelle Datenerfassung des Telemetriesystems mit einem Datensatz aller 0,7 s wurde in Kapitel 3.1.3 vorgestellt. Das Messverfahren erfordert auch für die Messpunkte bei instationären Bedingungen eine Mittelung, die hier gemäß Kapitel 4.3.2 über 90 s bzw. 128 Messwerte durchgeführt wurde. Aufgrund der Mittelung erfolgte die Berechnung der Wärmestromdichten wie in Kapitel 4.3.3 beschrieben mit der stationären Wärmeleitungsgleichung. Es handelt sich demnach um quasistationäre Ergebnisse. Die Mittelung der Daten der thermisch stationären Bedingungen während der Messung erfolgte wie in dieser Arbeit üblich über 100 Messwerte des nicht rotierenden Messsystems bzw. etwa 33 Minuten. Weitere Details dieser Untersuchung sowie eine ausführliche Diskussion der Ergebnisse sind in [Günther 2009] veröffentlicht.

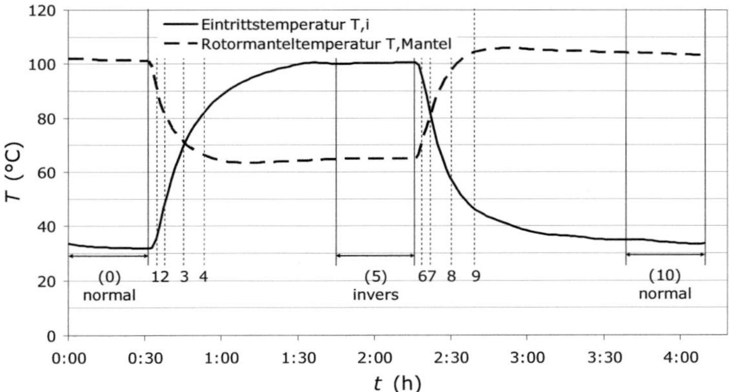

Abbildung 5.23 Zeitliche Verläufe der Lufteintrittstemperatur T_i und der Rotormanteltemperatur T_{Mantel} während der Messung des Umschlags von normaler (kalte, axiale Einströmung, eingeschaltete Mantelheizung) zu inverser Temperatursituation (warme, axiale Einströmung, ausgeschaltete Mantelheizung) und zurück, Bereiche der thermisch stationären Messung und Zeitpunkte der Messung instationärer Bedingungen, Nummerierung der Messpunkte

Die zeitlichen Verläufe der Lufteintrittstemperatur T_i und der Rotormanteltemperatur T_{Mantel} während der Messung sind in Abbildung 5.23 zusammen mit der Nummerierung der auswertungsrelevanten Zeitpunkte bzw. Zeitbereiche dargestellt. Diese Nummern finden sich in den Ergebnissen der axialen Wärmestromdichten in Abbildung 5.24 wieder. Die Temperaturdifferenz zwischen Lufteintritt und Rotormantel ist aufgrund der geringen Kühlmöglichkeiten des Rotormantels für inverse Temperatursituation geringer ($|\Delta T|$ = 35 K) als für normale Temperatursituation ($|\Delta T|$ = 68 K).

Aus den vorangegangenen Ergebnisdiskussionen der thermisch stationären Messungen bei normaler, vgl. Kapitel 5.3, und inverser Temperatursituation, vgl. Kapitel 5.4, lassen sich folgende Erkenntnisse für Veränderungen der Temperatur bei sonst konstanten Bedingungen (Drehfrequenz, Durchsatz und Eintrittsdruck) zusammentragen. Bei axialer Durchströmung gilt das Strömungsmodell gemäß Abbildung 5.5 auf Seite 96. Die axiale Eintrittsgeschwindigkeit steigt mit zunehmender Eintrittstemperatur bzw. abnehmender Eintrittsdichte, dadurch wird die Prallkühlung auf der angeströmten Seite intensiviert und die prallinduzierte Sekundärströmung in beiden Kammern verstärkt. Im Versuch beträgt der Unterschied der axialen Eintrittsgeschwindigkeit zwischen normaler und inverser Temperatursituation $\Delta c_{ax,i}$ = 3 m/s, woraus geschlossen wird, dass die Sekundärströmung in etwa gleich ist. Bei normaler Temperatursituation können negative Dichtegradienten auftriebsinduzierte Strömungen erzeugen, die den radialen Austausch in der Kammer erhöhen. Dadurch entstandene Instabilitäten der Strömung werden durch positive Dichtegradienten, wie sie bei inverser Temperatursituation immer herrschen, verringert.

Die Abbildung 5.24 zeigt die zeitlichen und radialen Verläufe der axialen Wärmestromdichten für die linke, axial angeströmte Seite im oberen Diagramm und für die rechte, nicht direkt angeströmte Seite im unteren Diagramm.

Der betrachtete Zeitraum der Messung beginnt mit dem thermisch stationären Zustand (0) bei normaler Temperatursituation. Die Messpunkte (1-4) zeigen den transienten Erwärmungsvorgang der Scheibe bis zum thermisch stationären Zustand (5) bei inverser Temperatursituation. Der transiente Abkühlvorgang wird über die Messpunkte (6-9) charakterisiert bis sich wieder der Ausgangszustand (10) bei normaler Temperatursituation einstellt. Die Änderung der Temperatur am Rotormantel durch Aus- oder Einschalten der Heizung erfolgt sprunghaft. Das ist in beiden Diagrammen der Abbildung 5.24 bei x = 1 z.B. für die Kurven (0) und (1) erkennbar. Die Änderung der Eintrittstemperatur vollzieht sich langsamer als am Rotormantel, vgl. Abbildung 5.23.

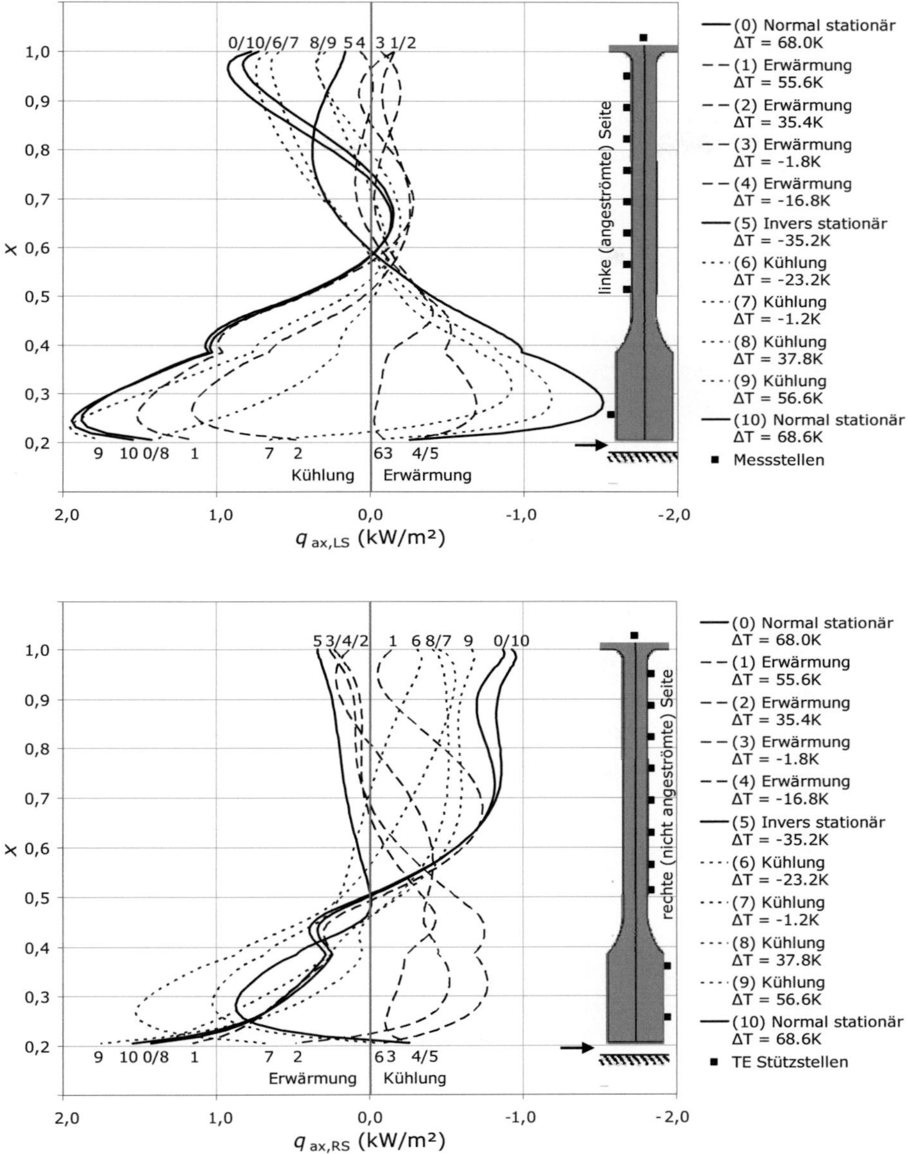

Abbildung 5.24 Zeitlicher und radialer Verlauf der axialen Wärmestromdichten während des Umschlags von normaler zu inverser Temperatursituation und zurück bei konstanten Bedingungen mit $Ro_z \approx 1$ (6000 min^{-1}; 0,05 kg/s); Oben: linke, angeströmte Seite $q_{ax,LS}$; Unten: rechte, nicht angeströmte Seite $q_{ax,RS}$

Auf der angeströmten Seite, im oberen Diagramm in Abbildung 5.24 dargestellt, ist für $x < 0,6$ die Änderung der Wärmestromrichtung ersichtlich. Die Bewegung der inneren (falls zwei über dem Radius vorhanden) Nulldurchgänge zwischen $0,5 < x < 0,7$ während des Erwärmungsvorgangs (0-5) zeigen, dass die Lage des Nullpunkts sich ausgehend von $x_{(0)} = 0,59$ erst radial nach innen $x_{(2)} = 0,51$ verschiebt, danach radial nach außen $x_{(3)} = 0,7$ (Minima) und im stationären Zustand wieder $x_{(5)} = 0,59$ erreicht. Diese Beobachtung lässt den Schluss zu, dass sich während der transienten Vorgänge sowohl die prallinduzierte Sekundärströmung als auch die auftriebsinduzierten Instabilitäten ändern.

In den Ergebnissen der rechten, nicht direkt angeströmten Seite, siehe unteres Diagramm in Abbildung 5.24, ist infolge der rezirkulierten Sekundärströmung für $x < 0,5$ während der Erwärmung (0-5) ein gekühlter Bereich an der Scheibe vorhanden und beim Abkühlen (5-10) ein erwärmter Bereich zu erkennen.

In den Ergebnissen der hier untersuchten Messung bei instationärer Temperatursituation treten besonders im äußeren Teil der angeströmten Seite und im inneren Teil der nicht angeströmten Seite axiale Wärmestromdichten kurzzeitig auf, die nicht zwischen den Werten der stationären Zustände liegen, was auch in der Auslegung der Scheiben berücksichtigt werden sollte. Im folgenden Kapitel werden die Ergebnisse zur Strömung und zum lokalen Wärmeübergang in rotierenden Kammern mit axialer Durchströmung zusammengefasst. Bevor im sechsten Kapitel die Ergebnisse mit gemischter Strömung, d.h. axialer und radialer Einströmung, diskutiert werden.

5.6 Fazit zur axialen Durchströmung

Fazit zur Strömung

Die Ergebnisse mit axialer Durchströmung zeigen, dass die Strömung in einer rotierenden Kammer mit radialem Temperaturgradient dreidimensional und instationär ist. Die Strömung kann in vier Teilströmungen unterteilt werden, deren Vorhandensein und Stärke von den Versuchsbedingungen abhängen:

- Rotierende Kammerströmung
- Prallströmung und daraus resultierende Sekundärströmung (zwei, radial übereinander befindliche, entgegendrehende, toroidale Wirbel)
- Instabilitäten infolge eines negativen Dichtegradienten bzw. auftriebsinduzierte Strömungen
- Instabilitäten des Eintrittsstrahls

Bei normaler Temperatursituation, d.h. kalte, axial einströmende Luft und eingeschaltete Mantelheizung, können in Abhängigkeit der Rossby-Zahl Ro_z ($\sim Re_z/Re_\phi$) und der radialen Grashof-Zahl Gr_r ($=Re_\phi^2\ \Delta\rho/\rho$) zwei Strömungsregime auftreten:

- $Ro_z > 1{,}5$: die Durchströmung bzw. die daraus resultierende prallinduzierte Sekundärströmung dominieren; auftriebsinduzierte Strömungen sind vernachlässigbar
- $Ro_z < 1{,}5$: die Rotation dominiert; Prallströmung und daraus induzierte Sekundärströmung sind vorhanden; auftriebsinduzierte Strömungen, die vom Dichtegradienten und der Zentrifugalkraft verursacht werden, beeinflussen den radialen Austausch zwischen rotierender Kammerströmung und axialer Durchströmung; für hohe Drehfrequenzen bzw. Strömungen mit $Gr_r > 5\mathrm{x}10^{12}$ entsteht aufgrund der fliehkraftbedingten Druckerhöhung in der Kammer ein positiver Dichtegradient, der den radialen Austausch reduziert

Bei inverser Temperatursituation entsteht immer ein positiver Dichtegradient, der zu einer stabilen Strömung führt. In diesem Fall dominieren die Prallströmung und die daraus resultierenden Sekundärwirbel.

Fazit zum lokalen Wärmeübergang

Die Ergebnisse des lokalen Wärmeübergangs an der Mittelscheibe wurden anhand von Oberflächentemperaturen und Wärmestromdichten präsentiert und mit der oben genannten Vorstellung der Strömung diskutiert.

Bei normaler Temperatursituation enthält die axiale Wärmestromdichte der angeströmten Seite ein Maximum im Prallgebiet und ein Minimum im mittleren Bereich der Scheibe, das für Strömungen mit $Ro_z \approx 1$ in ein unerwartetes Erwärmungsgebiet auf der angeströmten Seite übergehen kann. Der Verlauf besitzt dann zwei Nulldurchgänge, die ähnlich der Plattenströmung mit veränderlicher Wandtemperatur eine Auswertung mittels Nusselt-Zahlen oder Wärmeübergangskoeffizienten nicht zulassen. Der Verlauf kann mit Korrelationen für Prallströmung und freie rotierende Scheibe angenähert werden. Die axiale Wärmestromdichte der nicht direkt angeströmten Seite besitzt immer einen Nulldurchgang, wobei im inneren Bereich die Scheibe erwärmt und im äußeren Bereich gekühlt wird. Die Lage der Extrema in den Verläufen der axialen Wärmestromdichte wird von der Sekundärströmung bestimmt. Für die Hauptparameter gilt in der Reihenfolge der Stärke des Einflusses vom Höchsten zum Niedrigsten, dass ein höherer Druck den Wärmeübergang verringert, ein größerer Durchsatz den Wärmeübergang erhöht, und eine Steigerung der Drehfrequenz sich abhängig vom radialen Dichtegradienten verhält, wobei hohe axiale Wärmestromdichten bei mittleren Drehfrequenzen gemessen wurden.

Bei inverser Temperatursituation besitzt die axiale Wärmestromdichte der angeströmten Seite einen Nulldurchgang, wobei im inneren Bereich die Scheibe erwärmt und im äußeren gekühlt wird. Auf der nicht direkt angeströmten Seite kann abhängig von der Sekundärströmung im inneren Bereich der Scheibe ein Kühlbereich auftreten, meist wird die Scheibe vollflächig erwärmt. Bei instationärer Temperatursituation können lokal kurzzeitig größere axiale Wärmestromdichten auftreten als bei thermisch stationären Bedingungen, was bei der Nutzung der stationären Messergebnisse für die Auslegung der Scheiben berücksichtigt werden muss.

Im folgenden Kapitel werden die Ergebnisse hinsichtlich der Strömung und des lokalen Wärmeübergangs mit gemischter Strömung, d.h. axiale Durchströmung mit überlagerter radialer Einströmung in einer Kammer, präsentiert.

6 Ergebnisse der gemischten Strömung

Gemäß Tabelle 3.2 auf Seite 51 werden nach den Ergebnissen mit axialer Durchströmung (Fall 1), die im vorherigen Kapitel präsentiert wurden, die Ergebnisse mit gemischter Strömung, d.h. axiale Durchströmung mit überlagerter radialer Einströmung in einer Kammer, dargelegt. Es werden zwei Strömungswege untersucht. Im Fall 2 erfolgt die axiale Zuströmung aus negativer z-Richtung wie im Fall 1, vgl. Abbildung 3.3 auf Seite 49, wobei die Mischung mit der radialen Einströmung auf der axial nicht angeströmten Seite der Mittelscheibe erfolgt. Im Fall 3 wird die axiale Strömungsrichtung umgekehrt (positive z-Richtung), wodurch das Mischgebiet mit der radialen Einströmung den Wärmeübergang auf der axial angeströmten Seite der Mittelscheibe beeinflusst. Die Messungen wurden ausschließlich bei thermisch stationären Bedingungen und normaler Temperatursituation gemessen, d.h. kalte, axiale Einströmung, eingeschaltete Mantelheizung und warme, radiale Einströmung in Kammer K2, vgl. Abbildung 3.3 auf Seite 49. Die gewünschte Manteltemperatur von 100°C ergibt sich aus den Einstellungen der extern beheizten, radial eintretenden Luft und der Mantelheizungen sowie der Reibungswärme.

Zunächst werden, wie im Kapitel zur axialen Durchströmung, die Ergebnisse hinsichtlich der Strömung präsentiert, die zusammen mit Erfahrungen aus der Literatur zu einem Strömungsmodell für die beiden Konfigurationen entwickelt werden. Anschließend werden die Ergebnisse bezüglich des lokalen Wärmeübergangs des Falls 2 anhand des Strömungsmodells interpretiert und Einflussfaktoren wie axiale und radiale Durchsätze sowie die Drehfrequenz diskutiert. Die Ergebnisse für den Fall 3 werden als Einfluss der axialen Strömungsrichtung behandelt.

6.1 Strömung bei normaler Temperatursituation

Die axiale Durchströmung einer rotierenden Kammer bei normaler Temperatursituation, d.h. kalte, axiale Einströmung und eingeschaltete Mantelheizung, wurde in Kapitel 5 ausführlich diskutiert. Der Fall einer reinen radialen Einströmung in eine rotierende Kammer wurde in Kapitel 2.7 anhand der bekannten Literatur betrachtet, wobei auch das Strömungsmodell nach [Owen 1995] vorgestellt wurde. Dieses Modell, das in Abbildung 2.13 auf Seite 41 dargestellt ist, unterteilt die Strömung in einen Quellbereich am radialen Eintritt, eine

Abflussschicht am Austritt, die beiden Ekman-Schichten an den Scheiben und einen inneren, reibungsfreien Kern, der sich ähnlich einem freien Wirbel verhält. Das lokale Kernrotationsverhältnis $\beta = c_\phi/\Omega r$ nimmt in einem solchen Potentialwirbel radial nach innen zu, d.h. es handelt sich um eine beschleunigte Strömung. Die hier verwendeten Strömungsmodelle für die gemischte Strömung gemäß Abbildung 6.1 superpositionieren das Quelle-Senke-Modell für die radiale Einströmung nach [Owen 1995] mit dem Strömungsmodell für axiale Durchströmung gemäß Abbildung 5.5 auf Seite 96. Aus der Richtung der axialen Zuströmung ergeben sich der Drehsinn der prallinduzierten Sekundärwirbel sowie die Abströmrichtung der Ekman-Schichten.

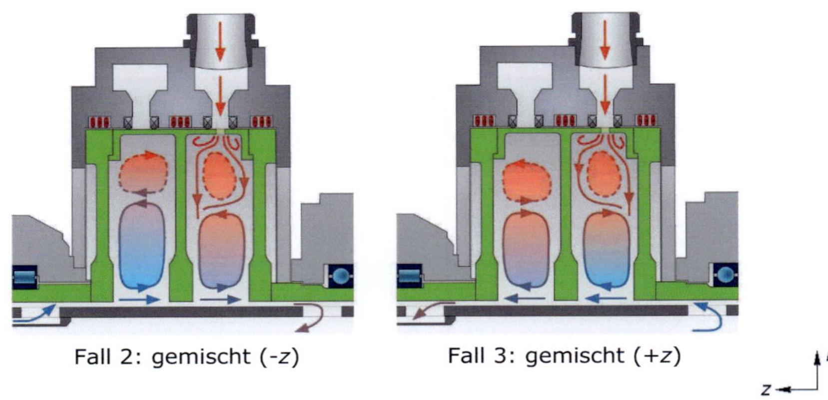

Abbildung 6.1 Einfache Modelle der gemischten Strömung; Sekundärwirbel und deren Überlagerung in der rechten Kammer mit einer Quelle-Senke-Strömung nach [Owen 1995]; Links: axiale Zuströmung von links (negative z-Richtung); Rechts: axiale Zuströmung von rechts (positive z-Richtung)

Die radiale Einströmung erfolgt durch 13 Bohrungen mit einem Durchmesser von D = 5 mm, die in Kammermitte gleichmäßig am Umfang verteilt sind. Die maximale radiale Eintrittsgeschwindigkeit der Messungen beträgt $c_{rad,i}$ = 165 m/s, wodurch scharfe Eintrittsstrahlen zu erwarten sind. Aufgrund der geringen Bohrungslänge (5,5 mm) ist eine Einströmung mit $c_{eff} = \beta(b) < 1$ und entsprechenden Rezirkulationsgebieten im äußeren Teil der Kammer wahrscheinlich. Nach [Owen 1995] erfolgt der radial nach innen gerichtete Fluidtransport in den Ekman-Schichten an den Scheiben und im reibungsfreien Kern sind die axialen und radialen Geschwindigkeitskomponenten gering. In der Mitte der Kammer wird sich eine Mischzone entsprechend dem Verhältnis von radialem zu axialem

Massenstrom bilden. Bei den Messungen wurde dieses Verhältnis zwischen $0{,}1 \le \dot{m}_{rad}/\dot{m}_{ax} \le 2$ variiert. Der radiale Durchsatz wird durch die radiale Massenstromrate C_w charakterisiert, die gemäß Definition aus Gleichung 2.33 für Einströmung negativ ist.

Kernrotationsverhältnis

Das integrale Kernrotationsverhältnis kann gemäß Kapitel 4.4 aus den statischen Druckmessungen getrennt in beiden Kammern bestimmt werden. Die Ergebnisse mit konstanter Drehfrequenz (n = 6000 min^{-1}) und konstantem axialen Durchsatz ($\dot{m}$ = 0,20 kg/s) sind in Abbildung 6.2 in Abhängigkeit des radialen Durchsatzes bzw. der radialen Massenstromrate C_w dargestellt. Ausgehend vom Wert für rein axiale Durchströmung (C_w = 0) steigt das integrale Kernrotationsverhältnis erwartungsgemäß in der rechten Kammer für zunehmenden radialen Durchsatz. Nach [Brandenburg 2009] sinkt in der rechten Kammer das Kernrotationsverhältnis wieder, wenn die Drehfrequenz erhöht wird oder der axiale Durchsatz steigt.

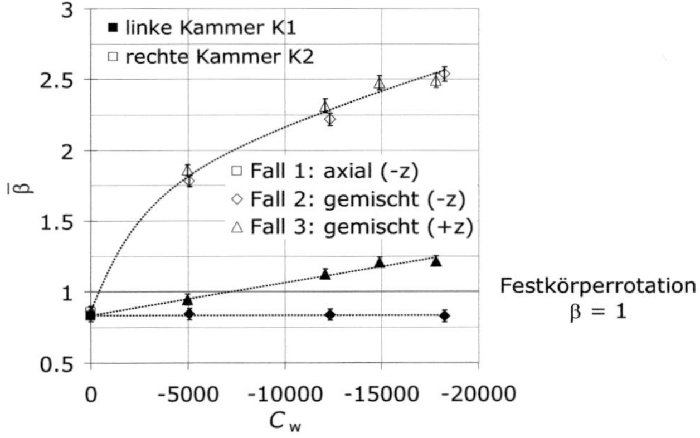

Abbildung 6.2 Integrales Kernrotationsverhältnis $\overline{\beta}$ über dem radialen Massenstromverhältnis C_w für K1 und K2 bei konstanter Drehfrequenz (6000 min^{-1}) und konstantem axialen Massenstrom (0,20 kg/s); Trendlinien zwischen den Messpunkten

In der linken Kammer bleiben die Werte für den Fall 2, gemischt (-*z*) in Abbildung 6.2, in dem diese Kammer zuerst axial durchströmt wird, konstant. Im Fall 3, gemischt (+*z*) in Abbildung 6.2, findet eine Drallübertragung durch den Spalt zwischen Scheibenbohrung und Innenwelle (Spalthöhe: 6 mm) in die linke, als zweite durchströmte, Kammer statt. Das integrale Kernrotationsverhältnis dieser Kammer erhöht sich für den Fall 3 mit dem radialen Durchsatz, wobei vermutlich besonders im inneren Kammerbereich die lokalen Werte steigen. Bei einer radialen Einströmung von etwa C_w = -7000 rotiert die Strömung in der linken, axial durchströmten Kammer für Fall 3 als Festkörper. Das entspricht einer im relativen Bezugssystem stehenden Strömung an den Scheiben.

Dichtegradient

Die Kammertemperaturen steigen aufgrund der warmen, radial einströmenden Luft. Der Druck sinkt radial nach innen infolge der beschleunigten Strömung stärker als bei Festkörperrotation. Der daraus resultierende Dichtegradient ist im Vergleich zur axialen Durchströmung größer, d.h. die Strömung ist stabiler als für die reine axiale Durchströmung. Bei gemischter Strömung haben Auftriebsströmungen daher nur geringen Einfluss auf den Wärmeübergang, der im folgenden Kapitel betrachtet wird.

6.2 Wärmeübergang bei normaler Temperatursituation

6.2.1 Interpretation anhand des Strömungsmodells

Die experimentellen Ergebnisse des Wärmeübergangs mit gemischter Strömung werden anhand einer Messung (Fall 2, vgl. Tabelle 3.2 auf Seite 51) mit n = 6000 min^{-1}, $\dot{m}_{ax}$ = 0,20 kg/s und $\dot{m}_{rad}$ = 0,05 kg/s (Ro_z = 1,75, C_w = -12300) gezeigt und mit Hilfe des oben beschriebenen Strömungsmodells diskutiert.

Die Oberflächentemperaturen auf beiden Seiten der Mittelscheibe sind im linken Diagramm der Abbildung 6.3 gezeigt und bilden infolge der Wärmeübertragung der radialen Strömung einen S-förmigen Verlauf. Die Temperaturdifferenzen zwischen beiden Seiten sind im Vergleich zu axialer Durchströmung, vgl. Abbildung 5.9 auf Seite 102, deutlich größer und betragen maximal $\Delta T_{RS\text{-}LS}$ = 9,5 K bei x = 0,27. Der wahrscheinliche Fehler der Temperaturdifferenz beträgt $\Delta\Delta T_{RS\text{-}LS} = \sqrt{2}\,\Delta T_{wahr}$ = ±0,47 K mit ΔT_{wahr} gemäß Kapitel 4.3.8.

Im rechten Diagramm der Abbildung 6.3 werden die Ergebnisse der radialen Wärmestromdichte den Werten einer vergleichbaren Messung mit axialer Durchströmung (identischer axialer Durchsatz und gleiche Drehfrequenz) gegenübergestellt. Der Verlauf der radialen Wärmestromdichte besitzt bei x = 0,75 ein Minimum. Im äußeren Bereich x > 0,55 ist die radiale Wärmestromdichte geringer und im inneren Bereich der Scheibe größer als bei axialer Durchströmung. Die Ursachen liegen in der Erwärmung des äußeren Teils der Scheibe durch die warme, radial einströmende Luft, wodurch die Prallkühlung im inneren Bereich der Scheibe mehr Wärme abtransportiert als bei axialer Durchströmung. Das bestätigen auch die größeren Werte der axialen Wärmestromdichten für die gemischte Strömung in Abbildung 6.4.

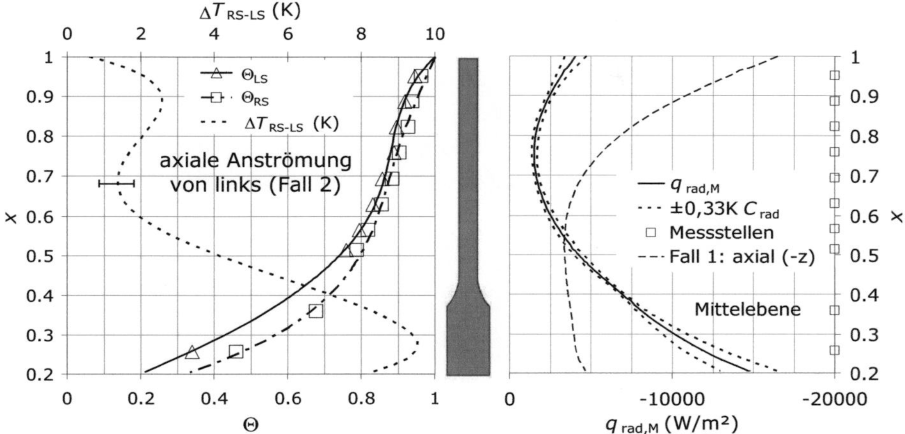

Abbildung 6.3 Fall 2: Ro_z = 1,75, C_w = -12300; Links: Normierte Oberflächentemperaturen der linken Seite Θ_{LS} und der rechten Seite Θ_{RS} der Mittelscheibe, absolute Temperaturdifferenz $\Delta T_{RS\text{-}LS}$; Rechts: radiale Wärmestromdichte $q_{rad,M}$ in der Mittelebene der Mittelscheibe mit dem wahrscheinlichen Fehler C_{rad} bei einer Messunsicherheit von ΔT_{wahr} = ±0,33K, Vergleich zu rein axialer Durchströmung bei vergleichbaren Bedingungen

Die axiale Wärmestromdichte auf der linken, axial angeströmten Seite, im linken Diagramm der Abbildung 6.4 dargestellt, zeigt einen ähnlichen radialen Verlauf wie die Kurve bei axialer Durchströmung, aber mit größeren Werten. Das globale Maximum liegt im Prallgebiet x = 0,26. Am Auslauf der Dickenänderung der Scheibe bei x = 0,45 tritt zusätzlich ein lokales Maximum auf. Die Lage des lokalen Minimums bei x = 0,69 ist ähnlich der bei axialer Durchströmung.

Die Werte der axialen Wärmestromdichte der rechten, radial angeströmten Seite, siehe rechtes Diagramm in Abbildung 6.4, unterscheiden sich signifikant von den Werten bei axialer Durchströmung. Der radiale Verlauf ist ähnlich dem der linken Seite, wobei die Scheibe auf der rechten Seite von der radialen Strömung erwärmt und auf der linken Seite gekühlt wird. Das Maximum der axialen Wärmestromdichte liegt bei x = 0,45, da weiter innen der Wärmeeintrag aufgrund der Mischung mit der kalten, axialen Strömung verringert wird. Am Rotormantel bei x = 1 gehen die Werte gegen $q_{ax,RS}$ = 0, das auf das Vorhandensein eines Rezirkulationsgebietes schließen lässt. Ähnlich der linken Seite, tritt auch auf der rechten Seite ein lokales Minimum bei x = 0,69 auf. Die in radiale Richtung steigenden Werte im Bereich 0,7 < x < 0,9 zeigen den Einfluss der radialen Strömung, die dort in den Ekman-Schichten radial nach innen verläuft. Die lokalen Maxima und Minima resultieren wahrscheinlich aus der axialen Strömung und den prallinduzierten Sekundärströmungen. Da die Rossby-Zahl Ro_z > 1,5 ist, sind Instabilitäten aufgrund auftriebsinduzierter Strömungen für die linke Kammer gering. Die geringen zeitlichen Streuungen der Messwerte, als Fehlerbalken in Abbildung 6.4 dargestellt, belegen diese Aussage.

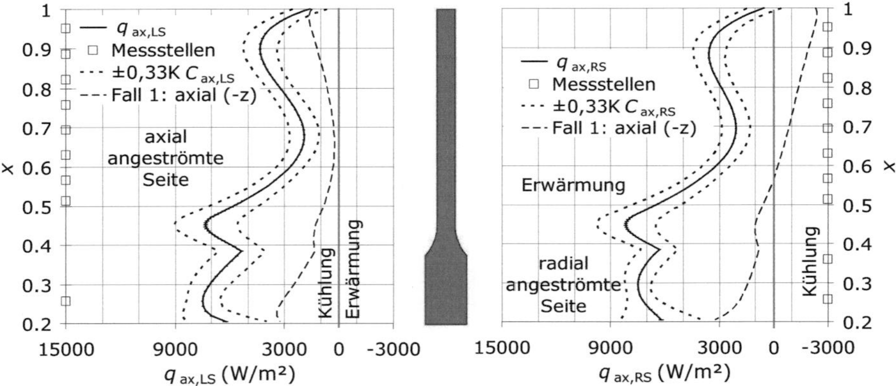

Abbildung 6.4 Fall 2: Ro_z = 1,75, C_w = -12300; Links: axiale Wärmestromdichte der linken, angeströmten Seite $q_{ax,LS}$ mit dem wahrscheinlichen Fehler $C_{ax,LS}$ bei einer Messabweichung von ±0,5 K und der zeitlichen Streuung als Fehlerbalken; Rechts: axiale Wärmestromdichte der rechten, nicht angeströmten Seite $q_{ax,RS}$ mit dem wahrscheinlichen Fehler $C_{ax,RS}$ bei einer Messabweichung von ±0,5 K und der zeitlichen Streuung als Fehlerbalken, Vergleich zu rein axialer Durchströmung bei vergleichbaren Bedingungen

Im folgenden Kapitel werden die Einflüsse der einzelnen Versuchsparameter auf den lokalen Wärmeübergang für die gemischte Strömung (Fall 2, d.h. axiale Strömungsrichtung wie bei Fall 1) beginnend mit den axialen und radialen Durchsätzen betrachtet.

6.2.2 Einflüsse des radialen und axialen Durchsatzes

Einfluss des radialen Durchsatzes

Der Einfluss des radialen Durchsatzes auf den lokalen Wärmeübergang für die bereits oben verwendete Messung mit n = 6000 min^{-1}, $\dot{m}_{ax}$ = 0,20 kg/s und $\dot{m}_{rad}$ = 0,05 kg/s wird in Abbildung 6.5 präsentiert.

Mit steigendem radialem Durchsatz bzw. Erhöhung der radialen Massenstromrate C_w vergrößern sich die Werte der axialen Wärmestromdichten auf beiden Seiten, wobei die Erhöhung der Werte radial nach innen zunimmt. Die Ursache für dieses Verhalten kann mit dem lokalen Kernrotationsverhältnis erklärt werden, welches mit steigender Drehfrequenz radial nach innen größer wird. Dies bedeutet, dass die Relativgeschwindigkeit zwischen Wand und Strömung besonders am inneren Teil der Scheibe stark zunimmt, wodurch der Wärmeübergang vergrößert wird. Mit steigendem radialem Durchsatz verschiebt sich das Gebiet, in dem die Wärmestromdichten größer werden, radial nach innen, da das Einflussgebiet der axialen Durchströmung, die den lokalen Wärmeübergang verringert, nach innen gedrängt wird.

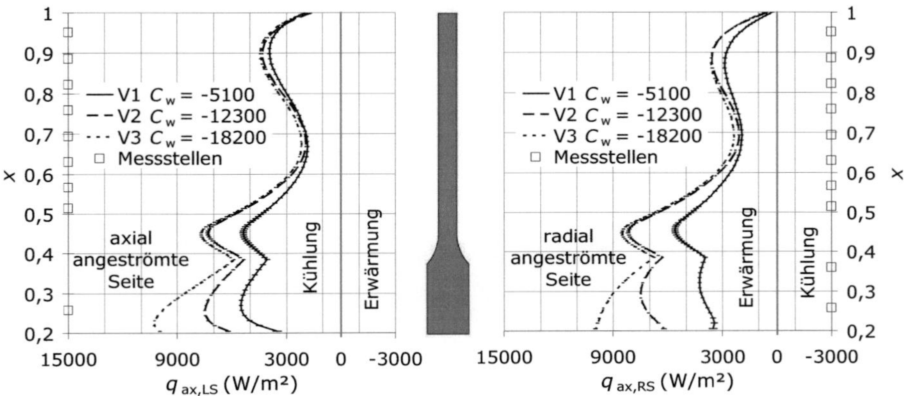

Abbildung 6.5 Fall 2: Einfluss des radialen Durchsatzes auf die axiale Wärmestromdichte bei konstanter Drehfrequenz (6000 min^{-1}) und konstantem axialen Durchsatz (0,20 kg/s): V1 (Ro_z = 2,00), V2 (Ro_z = 1,75), V3 (Ro_z = 1,60); zeitliche Streuung als Fehlerbalken; Links: linke, axial angeströmte Seite $q_{ax,LS}$; Rechts: rechte, radial angeströmte Seite $q_{ax,RS}$

Einfluss des axialen Durchsatzes

Der Einfluss des axialen Durchsatzes auf den lokalen Wärmeübergang ist in Abbildung 6.6 dargestellt. Es wird deutlich, dass mit steigendem axialem Massenstrom die Wärmestromdichten auf der gesamten Scheibe, infolge der erhöhten Wärmeabfuhr über die linke, axial durchströmte Kammer, zunehmen. Bei hohem axialem Durchsatz ($\dot{m}_{ax}$ = 0,20 kg/s) nimmt die Temperatur im Mischgebiet der axialen und radialen Strömung ab, was den Wärmeeintrag auf der rechten Seite der Scheibe reduziert und somit auch die Kühlung auf der linken Seite.

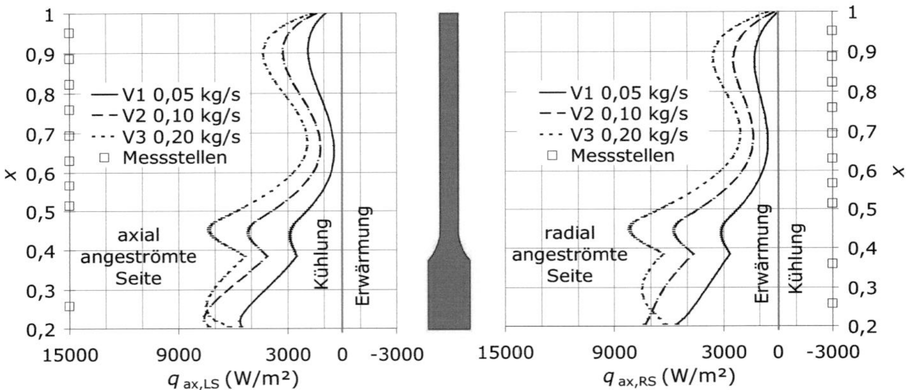

Abbildung 6.6 Fall 2: Einfluss des axialen Durchsatzes auf die axiale Wärmestromdichte bei konstanter Drehfrequenz (6000 min^{-1}) und konstantem radialen Durchsatz (0,05 kg/s): V1 (Ro_z = 0,84), V2 (Ro_z = 1,28), V3 (Ro_z = 1,75); zeitliche Streuung als Fehlerbalken; Links: linke, axial angeströmte Seite $q_{ax,LS}$; Rechts: rechte, radial angeströmte Seite $q_{ax,RS}$

Eine Durchsatzsteigerung erhöht den lokalen Wärmeübergang an der Scheibe, wobei der radiale Massenstrom hauptsächlich am inneren Teil der Scheibe wirkt und der axiale Durchsatz den Wärmeübergang an der gesamten Scheibe beeinflusst. Im folgenden Kapitel wird der Einfluss der Drehfrequenz diskutiert.

6.2.3 Einfluss der Drehfrequenz

Der Einfluss einer Änderung der Drehfrequenz bei konstanten Durchsätzen ($\dot{m}_{ax}$ = 0,20 kg/s; $\dot{m}_{rad}$ = 0,05 kg/s) ist in Abbildung 6.7 gezeigt. Auf der axial angeströmten Seite, im linken Diagramm dargestellt, treten im Prallgebiet $x < 0{,}5$ die maximalen Werte bei n = 3000 min^{-1} auf. Bei höherer Drehfrequenz wird, wie schon bei axialer Durchströmung im Kapitel 5.3.3 diskutiert, die prallinduzierte Sekundärströmung schwächer. Das für n = 100 min^{-1} die Werte auch geringer sind, liegt vermutlich an einem geringeren Wärmeeintrag auf der rechten Seite infolge der stärkeren Durchmischung von axialer und radialer Strömung in der rechten Kammer. Im äußeren Teil der Scheibe für $x > 0{,}5$ zeigt sich anhand der größeren Werte für n = 100 min^{-1}, dass die Sekundärströmung bei niedrigen Drehfrequenzen am stärksten ist.

Auf der rechten, radial angeströmten Seite, dargestellt im rechten Diagramm der Abbildung 6.7, ist im äußeren Teil für $x > 0{,}5$ ein signifikanter Unterschied bei n = 100 min^{-1} im Vergleich zu den Kurven bei höheren Drehfrequenzen ersichtlich. Im äußeren Bereich $x > 0{,}75$ ist der Wärmeeintrag geringer und für den Bereich $0{,}50 < x < 0{,}75$ größer. Eine Erklärung dafür, könnte die hohe Eintrittsgeschwindigkeit der radialen Strömung ($c_{\mathrm{rad,i}}$ = 75 m/s) im Vergleich zur tangentialen Geschwindigkeitskomponente am Eintrittspunkt ($c_\phi(b)$ = 2 m/s) sein. Damit verbunden sind scharfe Eintrittsstrahlen in Kammermitte, die im äußeren Bereich keinen Wandkontakt haben und somit einen geringeren Wärmeeintrag verursachen.

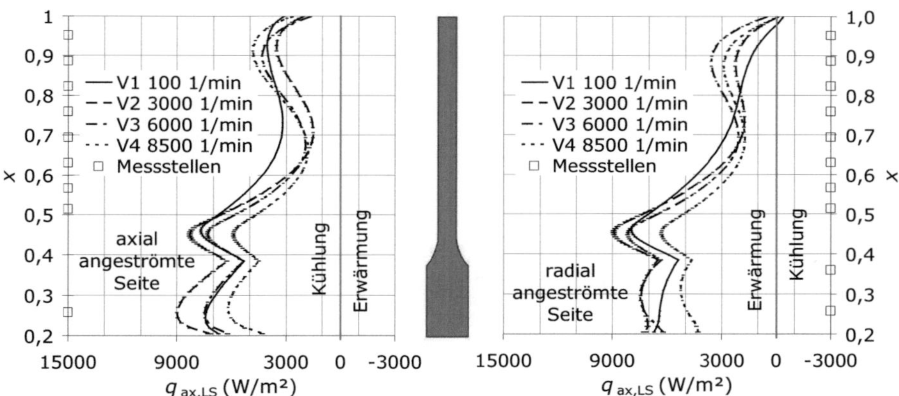

Abbildung 6.7 Fall 2: Einfluss der Drehfrequenz auf die axiale Wärmestromdichte bei konstantem radialen (0,05 kg/s) und axialen Durchsatz (0,20 kg/s): V1 (Ro_z = 109), V2 (Ro_z = 3,63), V3 (Ro_z = 1,75), V4 (Ro_z = 1,23); zeitliche Streuung als Fehlerbalken; Links: linke, axial angeströmte Seite $q_{\mathrm{ax,LS}}$; Rechts: rechte, radial angeströmte Seite $q_{\mathrm{ax,RS}}$

Im folgenden Kapitel wird auf die Ergebnisse für die gemischte Strömung (Fall 3, d.h. entgegen der axialen Strömungsrichtung von Fall 1 und Fall 2) eingegangen. Die einzelnen Einflüsse der Versuchsparameter sind für Fall 3 ähnlich den für Fall 2 beschriebenen und werden daher nicht noch einmal betrachtet.

6.2.4 Einfluss der axialen Strömungsrichtung

Zur besseren Interpretierbarkeit der Ergebnisse soll für beide Strömungsvarianten (Fall 2 und Fall 3) jeweils die axial angeströmte Seite bzw. jeweils die axial nicht angeströmte Seite betrachtet werden. Bei den Werten der axialen Wärmestromdichten wurden deshalb für den Fall 3 die Vorzeichen geändert, um die Verläufe direkt vergleichen zu können. Dieses Vorgehen entspricht einer vertikalen Spiegelung des Versuchsstands bzw. des Strömungsmodells für Fall 3 gemäß der rechten Darstellung in Abbildung 6.1 auf Seite 126. Dies ist zulässig, da die Scheiben, Kammern und die Zuströmspalte identisch sind.

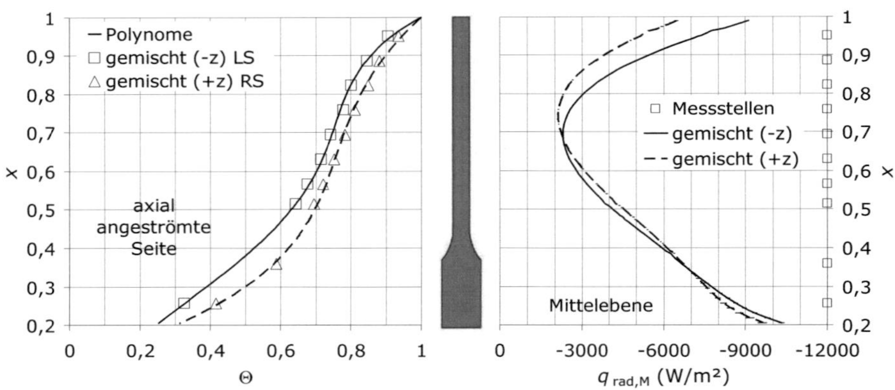

Abbildung 6.8 Einfluss der axialen Strömungsrichtung bei konstanten Bedingungen (n = 6000 min^{-1}, $\dot{m}_{ax}$ = 0,20 kg/s, $\dot{m}_{rad}$ = 0,05 kg/s); Links: Normierte Oberflächentemperaturen der axial angeströmten Seite Θ (Fall 2: linke Seite LS, Fall 3: rechte Seite RS); Rechts: radiale Wärmestromdichte $q_{rad,M}$ in der Mittelebene der Scheibe

Die Verläufe der Oberflächentemperaturen, im linken Diagramm der Abbildung 6.8 dargestellt, sind für beide Fälle ähnlich und S-förmig gekrümmt. Die Wandtemperaturen für den Fall 3, bei dem die radiale Einströmung auf dieser Seite passiert, sind erwartungsgemäß höher als für Fall 2. Im Vergleich der beiden Kurven zeigt sich auch der positive Einfluss einer zusätzlichen Messstelle bei x = 0,36.

Der Verlauf der radialen Wärmestromdichte, siehe rechtes Diagramm in Abbildung 6.8, besitzt ein lokales Minimum, das für den Fall 3 im Vergleich zu Fall 2 radial nach außen verschoben wird. Der Unterschied bei x = 1 resultiert aus einem höheren Wärmeeintrag der Mantelheizung für den Fall 2 zur Gewährleistung der Temperaturrandbedingung von 100°C am Rotormantel. Im inneren Bereich x < 0,65 sind die Verläufe ähnlich, wobei die geringen Unterschiede aus der unterschiedlichen Drehrichtung der Sekundärströmung resultieren.

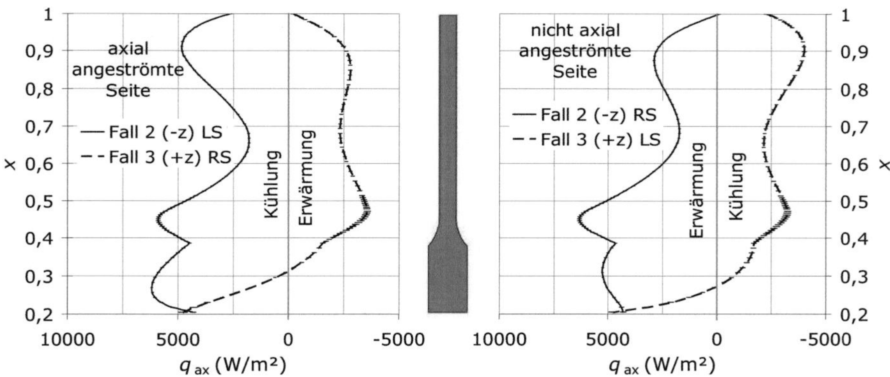

Abbildung 6.9 Axiale Wärmestromdichten: Einfluss der axialen Strömungsrichtung bei konstanter Drehfrequenz (n = 6000 min^{-1}) und konstanten Durchsätzen ($\dot{m}_{ax}$ = 0,20 kg/s, $\dot{m}_{rad}$ = 0,05 kg/s); Streuung der Messwerte als Fehlerbalken; Links: axial angeströmte Seite q_{ax} (Fall 2: linke Seite LS, Fall 3: rechte Seite RS); Rechts: nicht axial angeströmte Seite q_{ax} (Fall 2: rechte Seite RS, Fall 3: linke Seite LS)

Die Verläufe der axial angeströmten Seite, im linken Diagramm der Abbildung 6.9 dargestellt, sind erwartungsgemäß verschieden. Im Fall 2 ist der typische Kühlungsverlauf für axiale Durchströmung zu erkennen. Im Fall 3, bei dem sich die warme, radiale Einströmung mit der kalten, axialen Durchströmung auf dieser Seite mischt, zeigt sich im äußeren Teil der Scheibe x > 0,5 der relativ gleichmäßige Erwärmungsverlauf, der auf die wandnahe, radiale Einströmung zurückzuführen ist. Am Rotormantel für x > 0,9 gehen die Werte gegen q_{ax} = 0, das dem Rezirkulationsgebiet zugeordnet werden kann. Im inneren Teil der

Scheibe $x < 0,5$ verursacht die Mischung mit der kalten, axialen Strömung eine Abnahme der Wärmestromdichte, wobei für $x < 0,3$ die Scheibe auf dieser Seite gekühlt wird. Das Vorhandensein dieses Kühlungsgebietes hängt vom Massenstromverhältnis $\dot{m}_{rad}/\dot{m}_{ax}$ und der Drehfrequenz ab. Für Massenstromverhältnisse von $\dot{m}_{rad}/\dot{m}_{ax} \leq 0,25$ trat das Kühlgebiet immer auf, für $0,4 \leq \dot{m}_{rad}/\dot{m}_{ax} < 1$ nur bei geringen bzw. mittleren Drehfrequenzen und für $\dot{m}_{rad}/\dot{m}_{ax} \geq 1$ nur bei den Messungen mit n = 100 min^{-1}.

Die Verläufe der nicht axial angeströmten Seite, siehe rechtes Diagramm in Abbildung 6.9, verhalten sich ähnlich denen der angeströmten Seite, wobei die Wärmestromrichtung umgekehrt ist. Im Fall 2 erfolgt auf dieser Seite die radiale Einströmung, wohingegen im Fall 3 (+z) die aus der axialen Durchströmung an der Nabe hervorgerufene Strömung vorhanden ist. Der Einfluss des Mischgebietes auf der rückwärtigen, nicht axial angeströmten Seite, in der Kurve für Fall 2 bei $x < 0,4$ in der Abnahme der Wärmestromdichte zu erkennen, ist erwartungsgemäß deutlich geringer als wenn das Mischgebiet auf der Seite der direkten axialen Anströmung liegt.

Im folgenden Kapitel werden die gewonnenen Erkenntnisse zur gemischten Strömung zusammenfassend dargestellt, wobei auf die Strömung und den lokalen Wärmeübergang eingegangen wird.

6.3 Fazit zur gemischten Strömung

Fazit zur Strömung

Bei der kalten, axialen Durchströmung mit überlagerter warmer, radialer Einströmung in einer Kammer, hier als gemischte Strömung bezeichnet, gelten in der Kammer mit ausschließlich axialer Durchströmung die Erkenntnisse gemäß Kapitel 5.6. Für die gemischt durchströmte Kammer wurde ein Strömungsmodell bestehend aus einer Superposition der Quelle-Senke-Strömung nach [Owen 1995] im äußeren Teil der Kammer und dem Sekundärströmungsmodell gemäß Kapitel 5.1.5 für rein axiale Durchströmung entwickelt. Die Ergebnisse der gemischten Strömung lassen sich anhand dieses Modells sehr gut interpretieren, vgl. Kapitel 6.2.1.

Das Kernrotationsverhältnis ist in der Kammer mit radialer Einströmung deutlich höher als bei axialer Durchströmung, wobei ein steigender radialer Durchsatz die Werte erhöht, ein erhöhter axialer Durchsatz und eine Drehfrequenzsteigerung die Werte reduzieren. Der entstandene Drall wird über den Spalt zwischen Scheibenbohrung und Innenwelle in die folgende Kammer übertragen, wodurch das integrale Kernrotationsverhältnis in etwa linear mit dem radialen Durchsatz steigt.

Fazit zum lokalen Wärmeübergang

Der radiale Verlauf der Oberflächentemperatur der Scheibe ist auf beiden Seiten S-förmig gekrümmt und die Temperaturen sind deutlich höher als bei axialer Durchströmung. Der lokale Wärmeübergang ist verglichen mit dem Fall 1 der reinen axialen Durchströmung deutlich erhöht, wobei ein Teil der radial einströmenden Wärme über die Scheibe in die andere Kammer bzw. radial nach innen zum Spalt transportiert wird.

Im Fall 2 liegt das Mischgebiet auf der rückwärtigen, nicht axial angeströmten Seite. Es ergeben sich auf der axial angeströmten Seite ähnliche Verläufe der axialen Wärmestromdichte wie für Fall 1. Auf der Seite des Mischgebiets, das in diesem Fall wenig Einfluss auf den Wärmeübergang hat, ist der radiale Verlauf ähnlich der anderen Seite mit geänderten Vorzeichen.

Eine Erhöhung des radialen Durchsatzes erhöht den Wärmeübergang im inneren Teil der Scheibe, wohingegen eine Steigerung des axialen Massenstroms den Wärmeübergang auf der gesamten Scheibe erhöht. Der Einfluss der Drehfrequenz auf den Wärmeübergang ist geringer als geänderte Durchsätze, wobei eine Drehfrequenzsteigerung im inneren Bereich einen geringeren und im äußeren Teil einen erhöhten Wärmeübergang zur Folge hat.

Im Fall 3, bei dem das Mischgebiet auf der axial angeströmten Seite liegt, tritt am inneren Teil der Scheibe eine signifikante Veränderung im Wärmeübergang im Vergleich zu Fall 2 auf, wobei in Abhängigkeit des Massenstromverhältnisses und der Drehfrequenz ein Kühlgebiet entstehen kann.

Im folgenden Kapitel werden alle Ergebnisse dieser Arbeit zusammengefasst und ein Ausblick auf weiterführende Fragestellungen gegeben.

7 Zusammenfassung und Ausblick

In Flugtriebwerken beeinflusst das Gewicht und die benötigte Kühlluftmenge den Wirkungsgrad, die Schubleistung und somit den Kohlendioxidausstoß, der mit Rücksicht auf die Umwelt zu minimieren ist. Wichtige Ziele der Forschung und Entwicklung sind die Reduzierung der Maschinenmasse und der Kühlluftmenge ohne Einbußen an Wirkungsgrad und Leistung. Im Hochdruckverdichter des Triebwerks bedeutet das, leichte, stabile Verdichterscheiben mit hoher Lebensdauer. Zur Auslegung dieser Scheiben ist die Kenntnis des lokalen Wärmeübergangs und der Strömung essentiell. Das Ziel sind geringe Kühlluftmenge und Druckverluste, sowie hohe Wärmeübergänge für den Kühleffekt, ohne örtliche Extremwerte, damit keine zusätzlichen Wärmespannungen auftreten.

Vor diesem Hintergrund war das Ziel dieser Arbeit die experimentelle Untersuchung der Strömung in zwei rotierenden Kavitäten und des lokalen Wärmeübergangs an einer dazwischenbefindlichen Scheibe für axiale und gemischte Strömung unter maschinenähnlichen Bedingungen. Die Interaktion der Strömung in beiden Kammern und deren Auswirkung auf den seitlichen Wärmeübergang an der Scheibe standen dabei im Vordergrund.

Der experimentelle Teil der Arbeit fand am Zwei-Kammer-Modellrotor des Lehrstuhls für Magnetofluiddynamik, Mess- und Automatisierungstechnik der TU Dresden statt. Dieser Versuchsstand erlaubte eine maschinennahe Untersuchung hinsichtlich der Geometrien, der Materialen und der Drehfrequenzen. Bei der Wahl der Messmethode zur Bestimmung des Wärmeübergangs wurde darauf geachtet, dass diese die Scheiben und deren Temperatur- und Wärmestromverteilung wenig beeinflusst. Die seitlichen, axialen Wärmestromdichten und die radiale Wärmestromdichte in der Mittelebene der Scheibe wurden mit einem numerischen Modell bestimmt, dessen Temperaturrandbedingung aus Messungen der lokalen Oberflächentemperatur gewonnen wurde. Der Einfluss des Modells und der Messunsicherheiten auf die Ergebnisse wurde ausführlich untersucht. Erkenntnisse hinsichtlich der Strömung in den rotierenden Kammern konnten über die Messung von Lufttemperaturen, statischen Drücken und der ermittelten Wärmestromdichten erlangt werden. Detailliertere Einblicke in die Strömung gewährten theoretische Modelle zur Bestimmung des integralen Kernrotationsverhältnisses, des Austauschmassenstromverhältnisses und des

Dichtegradienten in der Kammer. Diese Größen erlaubten in Verbindung mit Strömungsmodellen, die teilweise der Literatur entnommen wurden, die Interpretation der Ergebnisse des Wärmeübergangs. Dabei zeigte sich, dass eine Umrechnung der ermittelten Temperaturen und Wärmestromdichten in Nusselt-Zahlen bzw. Wärmeübergangskoeffizienten aufgrund der unmöglichen Messung einer physikalisch sinnvollen Referenztemperatur und der ermittelten Nulldurchgänge im radialen Wärmestromverlauf nicht zielführend ist. Bei der Verwendung der vorgestellten Ergebnisse in Simulationsrechnungen für Temperaturfelder bzw. konjugierten Rechnungen ist statt der 3. Randbedingung (Wärmeübergangskoeffizient, Cauchy-RB) die 2. Randbedingung (Wärmestromdichte, Neumann-RB) zu wählen. Die Ergebnisse wurden mit einer dreidimensionalen, konjugierten Wärmeübergangssimulation und Wärmeübergangskorrelationen aus der Literatur für eine rotierende Kammer, eine freie Scheibe und ein Prallstrahl verglichen.

In den überwiegend stationären Versuchen wurden zahlreiche Parameter wie die Durchsätze, die Drehfrequenz, die Temperatursituation und die Lufteintrittsbedingungen variiert und deren Einflüsse auf die Strömung und den lokalen Wärmeübergang erfasst. Des Weiteren wurden instationäre Effekte der Strömung und des Wärmeübergangs mit der Messung eines Umschlags zwischen normaler und inverser Temperatursituation untersucht.

Die Strömung in einer rotierenden Kammer mit radialem Temperaturgradienten und überlagerter axialer Durchströmung kann in vier Teilströmungen, die jeweils den Wärmeübergang an der Scheibe beeinflussen können, unterteilt werden:

- die Kammerströmung, die durch das lokale Kernrotationsverhältnis charakterisiert ist und hauptsächlich von den Eintrittsbedingungen abhängt
- die Prallströmung und die daraus resultierenden toroidalen Sekundärwirbel, deren Stärke vom Durchsatz, der Drehfrequenz und den Eintrittsbedingungen abhängt
- die Instabilitäten infolge eines negativen Dichtegradienten bzw. auftriebsinduzierte Strömungen, die im hier untersuchten System nur für Strömungen mit Rossby-Zahlen $Ro_z < 1{,}5$ den radialen Austausch verstärken und deren Einfluss sich bei Grashof-Zahlen $Gr_r > 5 \times 10^{12}$ aufgrund der Änderung des Dichtegradienten reduziert
- und Instabilitäten an den Grenzflächen des Eintrittsstrahls, die hier aufgrund der hohen Zuströmgeschwindigkeiten vermutlich keinen Einfluss haben

Aus den Wärmetransportbedingungen dieser komplexen Strömungsstruktur, der Radseitenreibung, der Wärmeleitung im Material und eventuell vorhandener zusätzlicher Wärmequellen ergibt sich der lokale Wärmeübergang an der Scheibe.

Die radialen Verläufe der Oberflächentemperatur sind einfach gekrümmt und die der Wärmestromdichten weisen lokale Maxima, Minima und Nulldurchgänge auf, die auf unerwartete Zonen mit einer Umkehr der Wärmestromrichtung weisen. Das Maximum der axialen Wärmestromdichte liegt in der Regel im Prallgebiet. Die Einflüsse der Versuchsparameter auf den lokalen Wärmeübergang wurden diskutiert. Neben der Temperatursituation haben die Eintrittsbedingungen, Druck und Temperatur, der Luft, gefolgt vom Durchsatz und der Drehzahl den stärksten Einfluss auf die Wärmestromdichten. Beim instationären Umschlag von normaler zu inverser Temperatursituation können Beträge der axialen Wärmestromdichten auftreten, die außerhalb der Werte der thermisch stationären Zustände liegen.

Die axiale Durchströmung einer rotierenden Kammer mit überlagerter radialer Einströmung, hier gemischte Strömung genannt, kann durch eine Superposition aus Quelle-Senke-Strömung im äußeren Teil der Kavität und der prallinduzierten Sekundärströmung beschrieben werden. Die radiale Einströmung mit Vordrall erzeugt Rezirkulationsgebiete in den äußeren Kammerecken, strömt in den Ekman-Schichten radial nach innen und mischt sich im inneren Teil der Kammer mit der axialen Durchströmung. Zwischen den Grenzschichten bildet sich ein reibungsfreier Kern, in dem ähnlich einem freien Wirbel das Kernrotationsverhältnis radial nach innen zunimmt. Die Ausdehnung und Stärke des Mischgebiets hängt vom Verhältnis des radialen zum axialen Massenstroms und der Drehfrequenz ab.

Die radialen Verläufe der Oberflächentemperatur sind bei gemischter Strömung S-förmig gekrümmt. Im Vergleich zur reinen axialen Durchströmung erhöht sich der Wärmeübergang bei der gemischten Strömung, wobei ein Teil der Wärme aus der Kammer mit der radialen Einströmung über die Scheibe in die kältere Kammer transportiert wird. Die lokalen Verläufe der Wärmestromdichten sind teilweise ähnlich denen für axiale Durchströmung, wobei die Wärmestromrichtung verschieden ist. Im Fall der axialen Anströmung der Scheibe auf der Seite des Mischgebietes kann abhängig vom Massenstromverhältnis und der Drehfrequenz eine Kühlungszone am inneren Teil der Scheibe auftreten. Befindet sich das Mischgebiet auf der rückwärtigen, nicht axial angeströmten Seite ist dessen Einfluss auf den Wärmeübergang deutlich geringer als im umgekehrten Fall.

Die gewonnenen Erkenntnisse hinsichtlich der Strömung und des lokalen Wärmeübergangs erweitern das physikalische Verständnis der komplexen Vorgänge in schnell rotierenden Kavitäten. Die experimentelle Datenbasis kann zur Validierung der Auslegungswerkzeuge genutzt werden und somit zu einer Verbesserung der Konstruktion der Verdichterscheiben eines Treibwerks beitragen.

In dieser Arbeit konnten wichtige Erfahrungen gesammelt werden, die weitere Möglichkeiten aufzeigen. Die Messunsicherheit des Messverfahrens könnte durch eine detailliertere Kalibrierung der einzelnen Messketten im eingebauten Zustand reduziert werden. Mehrere Druckmessstellen auf verschiedenen Radien könnten Informationen zum lokalen bzw. in sehr kleinen Abschnitten gemittelten Kernrotationsverhältnis liefern. Eine Verbesserung der Kühlmöglichkeiten am Rotormantel könnte die Untersuchung der inversen Temperatursituation erweitern. Des Weiteren könnte der Einfluss des Vordralls auf das Kernrotationsverhältnis und den lokalen Wärmeübergang und weitere instationäre Vorgänge wie z.B. Änderung der Drehfrequenz oder thermische Veränderung bei gemischter Strömung experimentell analysiert werden. Die Übertragbarkeit der Instabilitätsbetrachtungen des runden Eintrittsstrahls auf eine ringförmige Einströmung bietet eine weitere Möglichkeit einer Folgeuntersuchung.

Diese weiterführenden Fragestellungen verdeutlichen, dass weitere Untersuchungen auf dem Gebiet der Strömung in rotierenden Kavitäten und des Wärmeübergangs an rotierenden Scheiben erforderlich sind, um die Auslegungswerkzeuge zu verbessern und die gewünschte Flexibilität und Effizienz verbunden mit einer Reduzierung des Kohlendioxidausstoßes bei der Entwicklung zukünftiger Flugtriebwerke und stationärer Gasturbinen zu erreichen.

Literaturverzeichnis

[Batchelor 1951] Batchelor G.K.; *Note on the class of solutions of the Navier-Stokes equations representing steady rotationally symmetric flow*; Quart. J. Appl. Math., Vol.4, 29-41; 1951

[Bénard 1900] Bénard H.; *Les tourbillons cellulaires dans une nappe liquide*; Rev. Gén. Sci. Pure Appl., Vol.11, 1261–1271; 1900

[Black 1992] Black J.D., Long C.A.; *Rotational Coherent Anti-Stokes Raman Spectroscopy Measurements in a Rotating Cavity with Axial Throughflow of Cooling Air: Oxygen Concentration Measurements*; Applied Optics, Vol. 31, No. 21, 4291-4297; 1992

[Bödewadt 1940] Bödewadt, U.T.; *Die Drehströmung über festem Grunde*; ZAMM, Vol. 20, 241-253; 1940

[Bohn 1994] Bohn D., Dibelius G.H., Deuker E., Emunds R.; *Flow Pattern and Heat Transfer in a Closed Rotating Annulus*; J. Turbomachinery, Vol.116, 542-547; 1994

[Bohn 1995] Bohn D., Deuker E., Emunds R., Gorzelitz V.; *Experimental and Theoretical Investigations of Heat Transfer in Closed Gas-Filled Rotating Annuli*; J. Turbomachinery, Vol.117, 175-183; 1995

[Bohn 1996] Bohn D., Deuker E., Gorzelitz V., Krüger U.; *Experimental and Theoretical Investigations of Heat Transfer in Closed Gas-Filled Rotating Annuli II*; J. Turbomachinery, Vol.118, 11-19; 1996

[Bohn 1998] Bohn D., Gier J.; *The Effect of Turbulence on the Heat Transfer in Closed Gas-Filled Rotating Annuli*; J. Turbomachinery, Vol.120, 824-830; 1998

[Bohn 2000] Bohn D.E., Deutsch G.N., Simon B., Burkhardt C.; *Flow Visualisation in a Rotating Cavity with Axial Through-flow*; Proc. of ASME Turbo Expo, München, 2000-GT-280; 2000

[Bohn 2006] Bohn D.E., Ren J., Tuemmers C.; *Investigation of the Unstable Flow Structure in a Rotating Cavity*; Proc. of ASME Turbo Expo, Barcelona, GT2006-90494; 2006

[Brandenburg 2009] Brandenburg T.; *Untersuchung des Einflusses der experimentellen Parameter auf die Kernrotationszahl in schnell rotierenden Kammern*; Diplomarbeit, TU Dresden; 2009

[Burkhardt 1992] Burkhardt C., Mayer A., Reile E.; *Transient Thermal Behaviour of a Compressor Rotor with Axial Cooling Air Flow and Co-Rotating or Contra-Rotating Shaft*; AGARD-CP-527, 21-1 - 21-9; 1992

[Cardone 1997] Cardone G., Astarita T., Carlomagno G.M.; *Heat Transfer Measurements on a Rotaing Disk*; Int. J. Rot. Mach., Vol.3, No.1, 1-9; 1997

[Chew 2007] Chew J.W., Hills N.J.; *Computational fluid dynamics for turbomachinery internal air system*; Phil. Trans. R. Soc. A, No. 365, 2587-2611; 2007

[Childs 1999] Childs P.R.N., Greenwood J.R., Long C.A.; *Heat Flux Measurement technique*; Proc. Instn. Mech. Eng., Part C, Vol.213, 655-677; 1999

[Childs 2006] Childs P., Dullenkopf K., Bohn D.; *Internal Air Systems Experimental Rig Best Practice*; Proc. of ASME Turbo Expo, Barcelona, GT2006-90215; 2006

[Childs 2011] Childs P.R.N.; *Rotating Flow*; Butterworth-Heinemann; 2011

[Cochran 1934] Cochran W.G.; *The Flow due to a Rotating Disk*; Proc. Cambr. Phil. Soc., Vol. 30, 365-375; 1934

[Cooke 2006] Cooke A., Childs P., Long C.; *An Investigation into the Uncertainty of Turbomachinery Disc Heat Transfer Calculations using Monte Carlo Simulation Methods*; Proc. of ASME Turbo Expo, Barcelona, GT2006-90143; 2006

[Cooke 2009] Cooke A., Childs P., Sayma N., Long C.A.; *A Disc To Air Heat Flux Error and uncertainty Analysis Applied to a Turbomachinery Test Rig Design*; J. Mech. Eng. Sc., Vol. 223 C, 659-674; 2009

[Daily 1960] Daily J.W., Nece R.E.; *Chamber dimension effects on induced flow and frictional resistance of enclosed rotating disks*; ASME J. Basic Eng., Vol.82, 217-232; 1960

[Daily 1964] Daily J.W., Ernst W.D., Asbedian V.V.; *Enclosed Rotating Disks with Superposed Throughflow*; Dept. of Civil Eng., MIT, Report No.64; 1964

[Debuchy 1998] Debuchy R., Dyment A., Muhe A., Micheau P.; *Radial inflow between a rotating and a stationary disc*; Eur. J. Mech. B Fluids, Vol.17, No.6, 791-810; 1998

[Debuchy 2007] Debuchy R., Della Gatta S., Haudt E.D., Bois G., Martelli F.; *Influence of external geometrical modifications on the behaviour of a rotor-stator system: numerical and experimental investigation*; Proc. IMechE Part A J. Power and Energy, Vol.221, 857-864; 2007

[Djaoui 2001] Djaoui M., Dyment A., Debuchy R.; *Heat transfer in a rotor-stator system with a radial inflow*; Eur. J. Mech. B Fluids, Vol.20, 371-398; 2001

[Dorfman 1963] Dorfman L.A.; *Hydrodynamic resistance and the heat loss of rotating solids*; Oliver and Boyd; 1963

[Ekman 1905] Ekman V.W.; *On the influence of the earth's rotation on ocean currents*; Arch. Math. Astron. Phys. 2, No. 11; 1905

[Elkins 1997] Elkins C.J., Eaton J.K.; *Heat transfer in the rotating disk boundary layer*; Stanford University, TSD-103; 1997

[Farthing 1992a] Farthing P.R., Long C.A., Owen J.M., Pincombe J.R.; *Rotating Cavity with Axial Throughflow of Cooling Air: Heat Transfer*; J. Turbomachinery, Vol. 114, 229-236; 1992

[Farthing 1992b] Farthing P.R., Long C.A., Owen J.M., Pincombe J.R.; *Rotating Cavity with Axial Throughflow of Cooling Air: Flow Structure*; J. Turbomachinery, Vol. 114, 237-246; 1992

[Firouzian 1985] Firouzian M., Owen J.M., Pincombe J.R., Rogers R.H.; *Flow and Heat Transfer in a Rotating Cavity with Radial Inflow of Fluid, Part 1: The Flow Structure*; Int. J. Heat and Fluid Flow, Vol. 6, No. 4; 1985

[Firouzian 1986] Firouzian M., Owen J.M., Pincombe J.R., Rogers R.H.; *Flow and Heat Transfer in a Rotating Cavity with Radial Inflow of Fluid, Part 2: Velocity, Pressure and Heat Transfer Measurements*; Int. J. Heat and Fluid Flow, Vol. 7, No. 1; 1986

[Geis 2002] Geis T.; *Strömung und reibungsinduzierte Leistungs- und Wirkungsgradverluste in komplexen Rotor-Stator Zwischenräumen*; Dissertation, Karlsruhe; 2002

[Greenspan 1968] Greenspan, H.P.; *The theory of rotating fluids*; Cambridge University Press; London; 1968

[Gröber 1955] Gröber H., Erk S., Grigull U.; *Wärmeübertragung, 3. Auflage*; Springer; 1955

[Grohne 1955] Grohne D.; *Über die laminare Strömung in einer kreiszylindrischen Dose mit rotierendem Deckel*; Nachr.Akad.Wiss.Göttingen, Math.-Phys.Kl., 263-282; 1955

[Günther 2008] Günther A., Uffrecht W., Heller L., Kaiser E., Odenbach S.; *Experimental Analysis of Varied Vortex Reducer Configurations for the Internal Air System of Jet Engine Gas Turbines*; Proc. of. ASME Turbo Expo, GT2008-50738; 2008

[Günther 2009] Günther A., Uffrecht W., Heller L., Odenbach S.; *Experimental and Numerical Analysis of Heat Transfer in Compressor-Disc Cavities for a Transition between Heating and Cooling Flow*; Proc. of ETC, 111; 2009

[Günther 2010] Günther A., Brandenburg T., Uffrecht W.; *Abschlussbericht zum Vorhaben COOREFF-T 1.3.6: Strömung und Wärmeübergang in rotierenden Kavitäten*; Forschungsbericht, TU Dresden; 2010

[Günther 2012a] Günther A., Uffrecht W., Odenbach S.; *Local Measurements of Disc Heat Transfer in Heated Rotating Cavities for Several Flow Regimes*; J. Turbomachinery, Vol. 134, 051016; 2012

[Günther 2012b] Günther A., Uffrecht W., Odenbach S., Caspary V.; *First Results of a New Test Rig for the Research on the Internal Air System of an Industrial Gas Turbine*; Proc. of ASME Turbo Expo, GT2012-68198; 2012

[He 2011] He L.; *Efficient Computational Model for Nonaxisymmetric Flow and Heat Transfer in Rotating Cavity*; J. of Turbomachinery, Vol.133, 021018; 2011

[Hennecke 1971] Hennecke D.K., Sparrow E.M., Eckert E.R.G.; *Flow and Heat Transfer in a Rotating Enclosure with Axial Throughflow*; Wärme- und Stoffübertragung, Bd. 4, 222-235; 1971

[Herwig 1997] Herwig H.; *Kritische Anmerkungen zu einem weitverbreiteten Konzept: der Wärmeübergangskoeffizient α*; Forsch. Ingenieurwes., Nr. 63, 13-17; 1997

[Hide 1958] Hide R.; *An Experimental Study of Thermal Convection in a Rotating Liquid*; Phil. Trans. R. Soc. A, Vol. 250, No. 983, 441-478; 1958

[Hofmann 2005] Hofmann H.M.; *Wärmeübergang beim pulsierenden Prallstrahl*; Dissertation, Karlsruhe; 2005

[Irvine 1968] Irvine T.F., Hartnett J.P.; *Advances in Heat Transfer, Vol. 5*, Academic Press, 129-250; 1968

[Johnson 2004] Johnson B.V., Lin J.D., Daniels W.A., Paolillo R.; *Flow Characteristics and Stability Analysis of Variable-Density Rotating Flows in Compressor-Disk Cavities*; Proc. of ASME Turbo Expo; GT2004-54279; 2004

[Kaiser 1982] Kaiser E.; *Wärmestrommessung an Oberflächen*; Dissertation B, TU Dresden; 1982

[Kaiser 2001] Kaiser E.; *Experimentelle Untersuchung generischer Rotor-Belüftungskonfigurationen*; Forschungsbericht, TU Dresden; 2001

[Kaiser 2003a] Kaiser E.; *Experimentelle Untersuchung generischer Rotor-Belüftungskonfigurationen*; Forschungsbericht, TU Dresden; 2003

[Kaiser 2003b] Kaiser E.; *Oberflächentemperaturmessung mit Flüssigkristallen für Strömungsvisualisierung*; Technisches Messen, Vol. 70, No. 6, 279-285; 2003

[Kaiser 2004] Kaiser E., Uffrecht W.; *Untersuchungen am rotierenden Zweikammermodell, Luftdurchsatz-Druck-Korrelation mit nicht durchgehenden Luftführungsröhrchen (LFR, „giggle-tubes")*; Forschungsbericht, TU Dresden; 2004

[Kármán 1921] Kármán, Th. von; *Über Laminare und Turbulente Reibung*; ZAMM, Bd.1, pp. 233-252; 1921

[Kilfoil 2009] Kilfoil A.S.R., Chew J.W.; *Modelling of buoyancy-affected flow in co-rotating disc cavities*; Proc. of ASME Turbo Expo; GT2009-59214; 2009

[Kim 1994] Kim S.Y., Han J.C., Morrison G.L., Elovic E.; *Local Heat Transfer in Enclosed Co-Rotating Disks with Axial Throughflow*; J. Heat Transfer, Vol. 116, 66-72; 1994

[King 2003] King M.P.; *Convective Heat Transfer in a Rotating Annulus*, PhD thesis, University of Bath, UK; 2003

[King 2010] King M.P.; *Heat Transfer and Velocity Scaling Correlations for Convective Flow within a Rotating Annulus: Two-dimensional Simulations*; private Korrespondenz; 2010

[Long 1994a] Long C.A.; *Disk Heat Transfer in a Rotating Cavity with an Axial Throughflow of Cooling Air*; Int. J. Heat and Fluid Flow, Vol. 15, No. 4, 307-316; 1994

[Long 1994b] Long C.A., Tucker P.G.; *Shroud Heat Transfer Measurements from a Rotating Cavity with an Axial Throughflow of Air*; J. of Turbomachinery, Vol.116, 525-534; 1994

[Long 1997] Long C.A., Morse A.P., Tucker P.G.; *Measurement and Computation of Heat Transfer in High-Pressure Compressor Drum Geometries with Axial Throughflow*; J. of Turbomachinery, Vol. 119, 51-60; 1997

[Long 2006] Long C.A., Childs P.R.N.; *The Effect of Inlet Conditions on the Flow and Heat Transfer in a Multiple Rotating Cavity with Axial Throughflow*; Proc. of ISJPPE, Kunming; 2006

[Long 2007a] Long C.A., Miché N.D.D., Childs P.R.N.; *Flow Measurements inside a Heated Multiple Rotating Cavity with Axial Throughflow*; Int. J. of Heat and Fluid Flow, Vol. 28, No. 6, 1391-1404; 2007

[Long 2007b] Long C.A., Childs P.R.N.; *Shroud Heat Transfer Measurements inside a Heated Multiple Rotating Cavity with Axial Throughflow*; Int. J. of Heat and Fluid Flow, Vol. 28, No. 6, 1405-1417; 2007

[Lugt 1979] Lugt H.J.; *Wirbelströmung in Natur und Technik*; Braun, Karlsruhe; 1979

[Malik 1981] Malik M.R., Wilkinson S.P., Orzag S.A.; *Instability and transition in a rotating disc*; AIAA J., Vol.19, No.9, 1131-1138; 1981

[MTU 2006] MTU Aero Engines, Kutz K.J.; *Rotor for a power plant*; Patent WO 2006/024273 A1; 2006

[MTU 2011] MTU Aero Engines, Heller L.; *Daten der konjugierten Simulationen der Wärmeübertragung (CHT)*; 2011

[Oertel 2008] Oertel, H. (Hrsg.); *Prandtl – Führer durch die Strömungslehre, Grundlagen und Phänomene*; 12. Auflage, Vieweg-Teubner; 2008

[Owen 1969] Owen J.M.; *Flow between a rotating and a stationary disc*; D.Phil.thesis, University of Sussex, UK; 1969

[Owen 1977] Owen J.M., Bilimoria E.D.; *Heat Transfer in Rotating Cylindrical Cavities*; J. Mech. Eng. Sc., Vol. 19, No. 4; 1977

[Owen 1979] Owen J.M.; *On the Computation of Heat-Transfer Coefficients from Imperfect Temperature Measurements*; J. Mech. Eng. Sc., Vol. 21, No. 5; 1979

[Owen 1989] Owen J.M., Rogers R.H.; *Flow and Heat Transfer in Rotating-Disc Systems, Vol. 1: Rotor-Stator Systems*; Research Studies Press; 1989

[Owen 1995] Owen J.M., Rogers R.H.; *Flow and Heat Transfer in Rotating-Disc Systems, Vol. 2: Rotating Cavitites*; Research Studies Press; 1995

[Owen 2004] Owen J.M., Powell J.; *Buoyancy induced flow in a heated rotating cavity*, Proc. of ASME Turbo Expo, GT2004-53210; 2004

[Owen 2007] Owen J.M.; *Thermodynamic analysis of buoyancy-induced flow in rotating cavities*; Proc. of ASME Turbo Expo; GT2007-27387; 2007

[Patounas 2009] Patounas D.S., Long C.A., Childs P.R.N; *Heat Transfer in Gas Turbine Compressor Internal Air Systems*; Proc. of ETC, Graz, 091; 2009

[Pellé 2007a] Pellé J., Harmand S.; *Heat transfer measurement in an opened rotor stator system air gap*; Exp. Thermal and Fluid Science, Vol.31, 165-180; 2007

[Pellé 2007b] Pellé J., Harmand S.; *Heat transfer study in a rotor stator system air gap with axial inflow*; Proc. of ETC, Athen; 2007

[Poncet 2005] Poncet S., Chauve M.P., Schiestel R.; *Batchelor versus Stewartson flow structures in a rotor-stator cavity with throughflow*; Phys. Fluids, Vol.17, 075110; 2005

[Prandtl 1904] Prandtl L.; *Über Flüssigkeitsbewegungen bei sehr kleiner Reibung*; Verhandlg. III. Intern. Math. Kongr. Heidelberg, 484-491; 1904

[Proudman 1916] Proudman J.; *On the motion of solids in liquids possessing vorticity*; Proc. Roy. Soc. A, Vol.92, 408-424; 1916

[Rayleigh 1916] Lord Rayleigh; *On Convection Currents in a Horizontal Layer of Fluid*; Phil. Mag., Vol.32, 529-546; 1916

[Roy 2001a] Roy R.P., Xu G., Feng J. Kang S.; *Pressure field and main-stream gas ingestion in a rotor-stator disk cavity*; Proc. of ASME Turbo Expo, 2001-GT-0564; 2001

[Roy 2001b] Roy R.P., Xu G., Feng J.; *A Study of Convective Heat Transfer in a Model Rotor-Stator Disk Cavity*; J. of Turbomachinery, Vol.123, 621-632; 2001

[Schlichting 1951] Schlichting H.; *Der Wärmeübergang an einer längsangeströmten ebenen Platte mit veränderlicher Wandtemperatur*; Forsch. Ing.wesen, Bd. 17, Nr. 1; 1951

[Schlichting 2006] Schlichting H., Gersten K.; *Grenzschicht-Theorie, 10. überarb. Auflage*; Springer; 2006

[Shevchuk 2009] Shevchuk I.V.; *Convective Heat and Mass Transfer in Rotating Disk Systems*; Lec. N. App. Comp. Mech. Vol. 45; Springer; 2009

[Smout 2001] Smout P.D.; *ICAS-GT – EU Research into Gas Turbine Internal Air System Performance*; Air & Space Europe, Vol.3, No. 3-4, 166-169; 2001

[Sparrow 1973] Sparrow E.M., Shamsundar N., Eckert E.R.G.; *Heat Transfer in Rotating Cylindrical Enclosures with Axial Inflow and Outflow of Coolant*; J. Eng. Power, Vol. 95, 278-280; 1973

[Stewartson 1953] Stewartson K.; *On the flow between two rotating coaxial discs*; Proc. Cam. Phil. Soc., Vol.49, 333-341; 1953

[Sun 2007] Sun Z., Lindblad K., Chew J.W., Young C.; *LES and RANS Investigations into Buoyancy-Affected Convection in a Rotating Cavity with a Central Axial Throughflow*; J. Eng. Gas Turbines and Power, Vol. 129, 318-325; 2007

[Tan 2009] Tan Q., Ren J., Jiang H.; *Prediction of flow features in rotating cavities with axial throughflow by RANS and LES*; Proc. of ASME Turbo Expo, GT2009-59428; 2009

[Taylor 1921] Taylor G.I.; *Experiments with rotating fluids*; Proc. Roy. Soc. A, Vol.100, 114-121; 1921

[Tian 2004] Tian S., Tao Z., Ding S., Xu G.; *Investigation of Flow and Heat Transfer Instabilities in a Rotating Cavity with Axial Throughflow of Cooling Air*; Proc. of ASME Turbo Expo, GT2004-53525; 2004

[Truckenbrodt 1954] Truckenbrodt E.; *Die turbulente Strömung an einer angeblasenen rotierenden Scheibe*; ZAMM, Bd.34, 150-162; 1954

[Tucker 1995] Tucker P.G., Long C.A.; *CFD Prediction of Vortex Breakdown in a Rotating Cavity with an Axial Throughflow of Air*; Int. Comm. Heat Mass Transfer, Vol. 22, No. 5, 639-648; 1995

[Tucker 2002] Tucker P.G.; *Temporal Behavior of Flow in Rotating Cavities*; Num. Heat Transfer Part A, Vol.41, 611-627; 2002

[Tuliszka-Sznitko 2011] Tuliszka-Sznitko E., Majchrowski W., Kiełczewski K.; *Heat Transfer in Rotor/Stator Cavity*; J. of Physics: Conf. S., Vol.318, 032022; 2011

[Uffrecht 2005] Uffrecht W., Kaiser E.; *Streulichtmessungen in Luft zur Strömungsvisualisierung in rotierenden Kammern*; Technisches Messen, Vol. 72, 671-678; 2005

[Uffrecht 2008] Uffrecht W., Kaiser E.; *Influence of Force Field Direction on Pressure Sensors Calibrated at Up to 12,000 g*; J. Eng. Gas Turbines and Power, Vol. 130, 061602; 2008

[Uffrecht 2009] Uffrecht W., Günther A.; *Non-Stationary Thermal Modelling for Heat Transfer Coefficient Deduction in Rotating Cavities*; Proc. of ETC, Paper 087; 2009

[Uffrecht 2012a] Uffrecht W., Günther A.; *The Deduction of the Integral and the Estimation of the Local Core Rotation Ratio by Telemetric Pressure Measurements in a Two-Cavity Test Rig*; J. Eng. Gas Turbines and Power, Vol. 134, 042502; 2012

[Uffrecht 2012b] Uffrecht W., Günther A., Caspary V.; *Electro-Thermal Measurement of Heat Transfer Coefficients*; Proc. of ASME Turbo Expo, GT2012-68144, 2012

[Walz 1966] Walz A.; *Strömungs- und Temperaturgrenzschichten*; Verlag G. Braun; 1966

Abbildungsverzeichnis

Tabellenverzeichnis